# DE LA MATIÈRE

## Du même auteur

La Physique en questions
T. 1, Mécanique
*Vuibert, 1980 (nouv. éd., 1999)*
T. 2 (avec A. Butoli), Électricité et magnétisme,
*Vuibert, 1982 (nouv. éd., 1999)*

L'Esprit de sel
(Science, culture, politique)
*Fayard, 1981 ; Seuil, « Points sciences », 1984*

Quantique, rudiments
(avec Françoise Balibar)
*Interéditions / CNRS, 1984 (nouv. éd., Masson, 1997)*

La Pierre de touche
(La science à l'épreuve)
*Gallimard, « Folio Essais », 1996*

Aux contraires
(L'exercice de la pensée et la pratique de la science)
*Gallimard, « NRF Essais », 1996*

Impasciences
*Bayard Éditions, 2000 ; Seuil, « Points sciences », 2003*

La Science en mal de culture / *Science in Want of Culture*
*Futuribles, 2004*

La Vitesse de l'ombre
(Aux limites de la science)
*Seuil, « Science ouverte », 2006*

JEAN-MARC LÉVY-LEBLOND

# DE LA MATIÈRE

## relativiste, quantique, interactive

COLLÈGE DE LA CITÉ DES SCIENCES ET DE L'INDUSTRIE

2004

OUVRAGE PUBLIÉ AVEC LE CONCOURS
DU CENTRE NATIONAL DU LIVRE

ÉDITIONS DU SEUIL
27, rue Jacob, Paris VI^e

TRACES ÉCRITES

*Collection dirigée par Dominique Séglard*

ISBN : 2-02-084836-8



www.seuil.com

Cette collection se veut un lieu éditorial destiné non à des livres inédits, dormant dans quelque tiroir et qu'un esprit curieux aurait tirés de son fond obscur, ni à des ouvrages posthumes au sens propre, sous la forme de notes personnelles, pensée repliée sur elle-même, avant qu'elle ait été présentée au public.

Elle accueille des cours, conférences, séminaires, et se veut l'écho d'une parole vivante. Elle tire sa légitimité et son originalité de ce qu'on y trouvera uniquement des transcriptions d'événements de pensée d'origine orale. Les notes de cours, polycopiés, bandes magnétiques, etc. utilisés comme matériaux de base seront toujours retranscrits le plus fidèlement à leur statut initial.

*Traces écrites*, donc, imprimées d'une pensée publiquement exprimée – contributions, en leur apport singulier, à l'édifice d'une œuvre.

D. S.

# Avant-propos

Les trois conférences ici publiées ont pour objectif d'expliciter les conceptions que la physique moderne se fait de la matière, et tout particulièrement l'impact sur ces conceptions des révolutions quantiques et relativistes qu'a connues la physique au début du XXe siècle. J'ai choisi d'y mettre l'accent sur la nouveauté et l'originalité des idées plutôt que sur les détails de la connaissance des objets ou sur le travail expérimental qui a révélé ces objets et permis d'élaborer ces idées. On ne trouvera donc pas ici la classification actuelle des constituants élémentaires (ou provisoirement supposés tels) de la matière, ni celle de leurs interactions fondamentales (ou provisoirement supposées telles) : nous nous intéresserons à l'essence de ces constituants et au principe de ces interactions plus qu'à leurs propriétés particulières. C'est délibérément aussi que l'exposition ne revêt aucun caractère historique, et que les notions fondamentales de la physique sont présentées telles qu'en elles-mêmes les a transformées un bon siècle de pratiques théoriques et techniques. La complexité de la lente et confuse élaboration de ces idées ne peut d'ailleurs être saisie que rétroactivement, de sorte que l'analyse historique, pour trouver toute sa pertinence, gagne à être précédée par une présentation extemporanée comme celle ici proposée.

On voudra bien se souvenir que le texte de ces conférences, quoique largement repris à partir de l'enregistrement de leur présentation orale, garde la trace de cette origine. S'il fallait justifier ce choix, qui, après tout, est au principe même de cette collection, les remarques suivantes y pourvoiraient éloquemment :

« Les professeurs aux Écoles normales ont pris avec les Représentants du Peuple et entr'eux, l'engagement de ne point lire ou débiter de mémoire des discours écrits. Ils parleront ; leurs idées sont préparées, leurs discours ne le seront point. Ni une science ni un art ne peuvent être improvisés ; mais la parole, pour en rendre compte, peut l'être : ils ont pensé qu'elle devait l'être ; en ce sens, tous improviseront. C'est donc ce qu'ils auront dit en improvisant, qui sera recueilli par des sténographes, et publié par l'impression. On comprend que la justice la plus commune demande que des discours faits ainsi ne soient point jugés comme des discours écrits avec soin dans un cabinet. Un cours sera une série de conversations, et la meilleure conversation, lorsqu'on l'imprime, ne peut pas, pour le style, valoir un bon livre. La parole va et vient, pour ainsi dire, dans un sujet : elle se coupe au milieu d'une phrase, pour faire à cette phrase un commencement qui vaudra mieux et plus droit à la fin de l'idée. Après avoir essayé une expression, elle en essaie une autre ; elle ne peut pas effacer ce qu'elle vient de dire, mais elle le corrige en disant la même chose d'une autre manière. Tout cela ne peut pas faire de bons discours, mais tout cela est peut-être nécessaire pour faire de bonnes démonstrations et de bons cours [1]. »

J'ai tenu à conserver, à la fin de chaque conférence, les questions formulées par l'auditoire, qui m'ont permis, en y répondant, de préciser certains points ou d'en développer d'autres ; on trouvera au fil du texte des renvois aux questions relatives au passage concerné.

Il me reste à remercier très chaleureusement Roland Schaer qui m'a invité à donner ces conférences dans le cadre du Collège de la Cité des sciences et de l'industrie, Taos Aït Si Slimane

1. Avertissement placé au début du premier volume de l'édition 1801 des cours donnés aux normaliens de l'an III. Toute ma gratitude à Étienne Guyon pour m'avoir fait connaître ce texte.

qui a mené à bien le très ingrat travail initial de décryptage des enregistrements, Nicolas Witkowski qui m'a suggéré certaines corrections, et surtout Thierry Marchaisse qui m'a fait bénéficier de sa lecture critique et m'a proposé de publier ce texte dans la collection « Traces écrites » qu'il a créée et longtemps dirigée avec pertinence et conviction.

# I. La matière quantique

La conception moderne de la matière est étroitement tributaire de la révolution intellectuelle que l'avènement de la physique quantique a représentée au début du XX$^{e}$ siècle. Après un siècle d'existence, cette physique, tant théorique qu'expérimentale, est universellement admise et sa validité reste incontestée – chez les physiciens. Encore faut-il, pour bien comprendre l'impact des idées quantiques, faire le point sur les notions classiques qu'elles vont bouleverser.

## Succès et limites du réductionnisme physique

Commençons par remonter aux atomistes de l'Antiquité. Démocrite, Épicure puis Lucrèce ont eu cette intuition géniale que la matière, telle que nous la connaissons et la pratiquons spontanément, est en fait constituée d'éléments invisibles, imperceptibles, donc extrêmement petits, et dont les agencements et les comportements peuvent expliquer ceux de la matière à notre échelle. En découle un double projet :

- analyse d'abord, descente au cœur de la matière, pour découvrir ses constituants élémentaires,
- synthèse ensuite, remontée aux fins d'expliquer les propriétés de la matière en termes des comportements de ses constituants.

Un tel programme, dans l'Antiquité, ne put qu'être énoncé, mais non pas réalisé, faute des connaissances théoriques et des méthodes expérimentales nécessaires. Il ne prit son plein essor qu'assez tardivement, puisque la découverte effective des atomes ne date que du XIX^e siècle : moins de deux siècles, c'est donc tout récent. Mais ce programme a connu une considérable accélération au cours du XX^e siècle ; il a permis de mettre en évidence une structure de la matière pour ainsi dire feuilletée, comprenant différents niveaux d'organisation que je voudrais brièvement présenter et commenter.

> « Mais ne va pas croire que la couleur soit la seule qualité dont sont dépouillés les corps premiers ; ils sont aussi exempts de toute température tiède, froide ou brûlante ; ils errent, privés de son, dénués de saveur, et n'exhalent aucune odeur particulière [...]. Du reste, en général, tout ce qui est de nature périssable, d'une substance molle et souple, cassante ou friable, poreuse et rare, tout cela doit nécessairement être étranger aux atomes, si nous voulons asseoir l'univers sur des fondements éternels sur lesquels son salut puisse reposer éternellement. »
>
> Lucrèce, *De natura rerum*, II, 842-864, trad. Ernout.

À partir du niveau de la matière ordinaire, celle qui nous entoure, la première phase de la descente amène au niveau des atomes et des molécules ; puis, au sein des atomes, on découvre des noyaux et des électrons ; ensuite, dans les noyaux eux-mêmes, des hadrons (baryons et mésons) ; enfin (provisoirement), on comprend que ces particules subnucléaires sont composées de quarks et de gluons, atteignant ainsi un cinquième niveau de structuration de la matière (**tab. I.1**).

| ***Niveau*** | ***Découverte*** | ***Échelle*** |
|---|---|---|
| Matière ordinaire | (depuis toujours) | $10^{-3}$ m |
| ↓ | | |
| Atomes et molécules | XIX^e siècle | $10^{-10}$ m |
| ↓ | | |
| Noyaux et électrons | début XX^e | $10^{-14}$ m |
| ↓ | | |
| Nucléons et autres hadrons | vers 1935 | $10^{-16}$ m |
| ↓ | | |
| Quarks et gluons | vers 1970 | $10^{-18}$ m |

TABLEAU I.1
**Les niveaux d'organisation de la matière. Descente analytique.**

Il vaut la peine de considérer plus précisément les échelles spatiales de ces différents niveaux et la séquence temporelle de leur découverte. La matière ordinaire est par nature connue depuis toujours; elle concerne les distances et longueurs communes, kilomètres et mètres, jusqu'aux fractions de millimètre, échelle familière déjà dans l'Antiquité et au Moyen Âge, et qui ne sera guère étendue avant le XIXe siècle. C'est alors que la science commence à plonger plus profond, et va découvrir les atomes et les molécules à une échelle de $10^{-9}$ m, c'est-à-dire l'échelle du milliardième de mètre, ou nanomètre.

Pour effectuer ce bond considérable, d'un facteur $10^6$ (soit un million), du millimètre au nanomètre, il a fallu plusieurs siècles. Mais quelques décennies ont suffi pour gagner encore un facteur d'un million, et atteindre dès le début du XXe siècle le niveau interne à l'atome, celui des noyaux, à l'échelle du femtomètre (encore appelé fermi), soit $10^{-15}$ m : la découverte du noyau atomique date de 1913. Un peu plus tard, vers 1935, on commence à percevoir la structure interne des noyaux, débouchant dans les années 1950 sur la découverte de la faune complexe des hadrons à une échelle inférieure à $10^{-16}$ m. On atteint enfin, vers 1970, le niveau des quarks et des gluons à une échelle de $10^{-18}$ m. Ne mentionnons que pour mémoire les spéculations encore incertaines concernant la matière à des distances bien inférieures (jusqu'à l'échelle de Planck, de $10^{-34}$ m). Mais prenons la pleine mesure de cette plongée vertigineuse qui, en à peine plus d'un siècle, nous a fait gagner 9 ordres de grandeur décimaux : de $10^{-9}$m à $10^{-18}$m, c'est-à-dire à peu près autant que pendant plus de deux millénaires, depuis l'Antiquité jusqu'au XIXe siècle.

Cette descente vers l'élémentaire est un succès considérable de la science moderne, et les physiciens sont en droit d'être fiers de leur réussite dans cette phase d'analyse – encore qu'il faille moduler l'expression utilisée de "descente vers l'élémentaire", puisque c'est la notion même d'élémentarité qui se trouve progressivement mise à mal à chaque niveau successif, et que rien ne garantit aujourd'hui l'existence d'un niveau ultime. Nous y reviendrons.

En revanche, on ne peut certainement pas jeter un regard aussi satisfait sur la seconde phase du programme, celle de la

| ***Niveau*** | ***Statut*** |
|---|---|
| Matière vivante | |
| ↑ | ???? |
| Matière ordinaire | |
| ↑ | ?? |
| Atomes et molécules | |
| ↑ | ? |
| Noyaux et électrons | |
| ↑ | ?? |
| Nucléons et autres hadrons | |
| ↑ | ??? |
| Quarks et gluons | |

TABLEAU I.2

**Les niveaux d'organisation de la matière. Remontée synthétique**

Les points d'interrogation indiquent, par leur nombre, le statut de la compréhension d'un niveau à partir de celui qui le sous-tend.

synthèse, qui aujourd'hui encore pose bien des problèmes (**tab. I.2**). L'étape de la remontée à l'heure actuelle la mieux comprise est celle qui permet de passer du niveau des noyaux et des électrons à celui des atomes et des molécules. La théorie quantique s'est d'ailleurs développée dans les années 1920 pour permettre cette reconstruction. Dès les années 1930 et 1940, elle fournit une bonne compréhension du comportement des atomes et des molécules sur la base de leur constitution en termes de noyaux et d'électrons. Laissons pourtant à cette étape un point d'interrogation, car notre compréhension, pour être satisfaisante, n'est pas parfaite. Elle est aussi bonne qu'on peut l'espérer quand il s'agit d'atomes légers ou de petites molécules. Mais pour des atomes lourds, ayant un grand nombre d'électrons, et plus encore pour de grosses molécules, si l'on peut aujourd'hui, grâce aux moyens de calcul modernes offerts par les grands ordinateurs, faire des calculs détaillés qui donnent de bons résultats, il n'est pas sûr pour autant qu'on obtienne ainsi une compréhension intellectuelle suffisante. En tout cas, et cela peut paraître surprenant, la phase de remontée qui pourtant serait la plus proche de notre niveau, permettant de remonter des propriétés des atomes et des molécules au comportement de la matière ordinaire, est en fait plus problématique que la précédente. Certes, beaucoup de comportements de la matière ordinaire sont, quant à leur principe, compris, essentiellement sur la base de sa structure électronique : la conductivité électrique et calorifique, la cohésion des matériaux, les changements d'état (solide / liquide / gazeux), etc. Mais, et plus encore qu'en ce qui concerne les atomes et les molécules, le détail de ces propriétés est fort loin d'être bien expliqué.

Prenons un exemple particulièrement frappant parce qu'il ne s'agit pas d'une substance ésotérique, mais de celle qui est la plus familière et la plus importante, l'eau. Comme chacun le sait, la glace est moins dense que l'eau. Sinon d'ailleurs, nous ne serions pas là pour en parler ! Car si la glace ne flottait pas, les océans auraient gelé en masse au cours des phases glaciaires, et la vie aurait été éradiquée ; c'est bien parce que la glace flotte que l'eau reste liquide sous les banquises, et que la vie dans les fonds marins est protégée. C'est donc un phénomène absolument capital – mais étrange : la plupart des solides sont plus lourds que leurs liquides, et cela paraît normal car un solide est un assemblage d'atomes plus ordonné qu'un liquide, donc plus tassé. Mais ce n'est pas le cas de l'eau ! Or, à l'heure actuelle, si l'on en a une explication qualitative *a posteriori*, nous ne serions pas capables de prévoir cette situation. Supposons que nous ne connaissions pas les propriétés macroscopiques de l'eau, et que nous sachions seulement qu'elle est constituée des fameuses molécules $H_2O$. Ces molécules, nous connaissons leur constitution, leur forme géométrique, les distances entre les différents atomes, leurs modes de vibration, etc. Mieux, nous connaissons fort bien les interactions entre ces molécules prises deux à deux, ces mêmes interactions qui gouvernent l'ensemble d'une masse liquide. Mais passer du comportement d'une, deux, trois molécules d'eau à celui d'un très grand nombre, nous ne savons pas bien le faire, et nous serions incapables, si nous n'avions pas les faits expérimentaux, de prédire que la glace flotte sur l'eau, et de comprendre, au sens fort, ce comportement quotidien banal. On pourrait multiplier de tels exemples.

En ce qui concerne les autres phases, le passage des baryons et des mésons aux noyaux est problématique. C'est pour expliquer les comportements des noyaux que s'est développée la recherche des particules subnucléaires, qui a débouché sur la découverte des baryons et des mésons. Mais on s'est vite aperçu que cela ne suffisait pas vraiment pour comprendre les noyaux, d'où, par une sorte de fuite en avant, la descente au niveau sous-jacent, ce qui en fait n'a rien réglé, puisqu'il est encore plus compliqué, à l'heure actuelle, de remonter des quarks et des gluons aux baryons et aux mésons ! Ne faisons que mentionner la question du passage de la matière ordinaire, inanimée, à la matière vivante, qui mérite évidemment quatre points d'interrogation. Le projet réductionniste qui vise à expliquer la biologie (et pourquoi pas la psychologie...) à partir de la physique et de la chimie, ce grand programme de la biochimie moléculaire contemporaine, ne connaît, malgré des proclamations quelque peu triomphalistes, que des résultats modestes. Et l'on peut avoir des doutes sérieux sur sa signification même.

Pourquoi donc ce succès variable, ambigu, de la remontée synthétique, de la compréhension d'un niveau à partir d'un autre ? C'est que, sous ses apparences familières, la matière se comporte (en particulier – mais pas seulement – à petite échelle, au niveau atomique) d'une façon extrêmement différente de celle qui nous est coutumière. Nous arrivons ainsi au cœur de notre sujet.

## Qualités premières et qualités secondes de la matière

Les physiciens classiques ont fait un effort de pensée considérable pour distinguer, dans les qualités perceptibles de la matière, ce qu'ils ont appelé "qualités premières" et "qualités secondes". En 1632, Galilée écrit ainsi dans *L'Essayeur* :

> « Je dis que je me sens nécessairement amené, sitôt que je conçois une matière, une substance corporelle, à la concevoir tout à la fois comme limitée et douée de telle ou telle figure, grande ou petite par rapport à d'autres, occupant tel ou tel lieu à tel moment, en

mouvement ou immobile, en contact ou non avec un autre corps, simple ou composée. Et par aucun effort d'imagination je ne puis la séparer de ces conditions. Mais qu'elle doive être blanche ou rouge, amère ou douce, sonore ou sourde, d'odeur agréable ou désagréable, je ne vois rien qui contraigne mon esprit de l'appréhender nécessairement accompagnée de ces conditions. Et peut-être, n'était le secours des sens, le raisonnement ni l'imagination ne les découvriraient jamais. Je pense donc que ces saveurs, odeurs, couleurs, etc., ne sont que de purs noms et n'ont leurs sièges que dans les corps sensitifs eux-mêmes, de sorte qu'une fois le vivant supprimé, toutes ces qualités sont détruites et annihilées. »

Autrement dit, l'odeur, la couleur, la saveur n'appartiennent pas en propre aux objets matériels : ce ne sont pas des propriétés des corps, mais les formes de notre perception des corps. Ce qui appartient en propre aux objets matériels, pour la physique classique, ce sont non pas ces qualités dites secondes, mais les qualités premières qui sont, comme dit Galilée, la forme, le mouvement, etc.

> « [...] nos sens nous excitent souvent à apercevoir clairement et distinctement, une matière étendue en longueur, largeur et profondeur, dont les parties ont des figures et mouvements divers, d'où procèdent les sentiments que nous avons des couleurs, des odeurs, de la douleur, etc. »
> Descartes, *Sixième Méditation.*

On trouve la même idée chez Descartes, chez Boyle, mais son énoncé le plus clair sans doute est dû à Locke, dans un passage célèbre de l'*Essai sur l'entendement humain*, datant de 1690 :

« On doit distinguer dans les corps deux sortes de qualités. Premièrement celles qui sont entièrement inséparables du corps en quelque état qu'il soit de sorte qu'il les conserve toujours, ces qualités sont de telle nature que nos sens les trouvent toujours dans chaque partie de matière assez grosse pour être aperçue et l'esprit les regarde comme inséparables de chaque partie de matière, même si nous ne pouvons pas l'apercevoir. Ces qualités du corps qui n'en peuvent être séparées, je les nomme qualités originales premières, ce sont la solidité, l'étendue, la figure, le nombre, le mouvement ou le repos et qui produisent en nous des idées simples comme chacun peut à mon avis s'en assurer par soi-même. Il y a en second lieu, des qualités qui dans les corps ne sont effectivement autre chose que la puissance de produire diverses sensations en nous par le moyen de leurs premières qualités, c'est-à-dire par la grosseur, figure, contexture et mouvement de leurs parties insensibles comme sont les couleurs, les sons, le goût, etc., je donne à ces qualités le nom de qualités secondes.»

L'idée est alors naturelle de descendre vers le niveau élémentaire, celui des atomes, pour tenter de comprendre les qualités secondes des corps (couleurs, odeurs, etc.) sur la base des qualités premières (figures, formes, nombres, mouvements) de leurs constituants élémentaires. Le XVII$^{e}$ siècle redécouvre Lucrèce et l'atomisme antique, qui se répand et s'imposera pleinement au XIX$^{e}$ siècle. Mais, et j'annonce la suite, quelque peu ironique, de l'évolution des idées, force sera de constater que les corpuscules dits élémentaires, au niveau de l'atome, les électrons par exemple, ou les noyaux, ne présentent *pas* ces qualités premières tenues pour naturelles ! Si Galilée, Descartes, Locke, pensaient la figure, le nombre, le mouvement, comme inséparables de tout objet – à la fois expérimentalement et conceptuellement –, les physiciens modernes vont découvrir, péniblement, à partir du début du XX$^{e}$ siècle, que tel n'est pas le cas. C'est un gigantesque défi qu'ils devront relever, un défi à l'intuition, qui, à rester fondée sur l'expérience commune de la matière, celle que nous touchons, voyons, sentons, ne pourra pas rendre compte de la nature des objets microscopiques. Et c'est là qu'apparaissent les objets quantiques dans toute leur spécificité. Ces êtres quantiques, nous allons leur donner une dénomination qui n'est pas à l'heure actuelle encore universellement partagée, mais qui me semble être la meilleure : nous les appellerons "quantons", ce néologisme relativement récent étant forgé, bien entendu, sur le modèle des termes électron, proton, photon, neutron, etc. ; toutes ces particules sont en fait des instances particulières, des exemples spécifiques, de la catégorie générique des quantons.

## Les objets de la physique classique

Pour bien comprendre ce qu'est un quanton et réaliser à quel point son comportement rompt avec les notions qui décrivent les objets classiques, il faut revenir un instant à ces derniers. Pour la physique classique, c'est-à-dire jusqu'à la fin du XIXe siècle, on peut rendre compte de la structure de la matière grâce à deux types de concepts. En premier lieu, les corpuscules, particules, ou encore points matériels. Il s'agit bien sûr d'une idéalité, d'un objet théoriquement construit (par Newton au premier chef) : à partir de l'observation d'objets concrets – cailloux, grains de sable, planètes vues de loin –, on définit le concept de point matériel, objet ponctuel sans étendue, doté de masse. Ce n'est pas un simple point géométrique, c'est un point physique, car il porte une propriété quantitative, la masse. Insistons-y, ce point matériel est une abstraction – mais c'est le propre de la science que de travailler avec des concepts abstraits qui idéalisent les objets réels. Ce concept de point matériel va se révéler d'une extrême fécondité. À la base de toute la mécanique classique, de Newton à Laplace, il va permettre de développer la notion de trajectoire, l'idée de force, les équations différentielles du mouvement (la fameuse loi de Newton $F = ma$) et sous-tendre toute la mécanique céleste du XIXe siècle. Reste pourtant un problème gravissime – celui-là même que Newton ne put résoudre et à propos duquel il énonça son fameux « *Hypotheses non fingo* » (« Je ne feins pas d'hypothèses », ou plus simplement : « Je ne fais pas semblant de savoir ») : celui des interactions entre corpuscules.

En effet, ce qui reste très mystérieux dans la théorie newtonienne de la gravitation est la nature de cette force qui agit à distance entre les corps. Comment la Lune "sent"-elle la Terre située à 384 000 kilomètres d'elle, et comment comprendre que la Terre exerce une force sur la Lune à travers le vide interplanétaire ? C'est un phénomène on ne peut plus étrange quand on ne connaît, comme c'est le cas à cette époque, que des actions de contact, des chocs, des pressions. Quand deux corps se touchent, on comprend – tout au moins on croit comprendre – pourquoi, comment ils agissent l'un sur l'autre. Mais quand ils sont séparés – par le vide ! –, comment font-ils pour agir l'un sur l'autre ? Newton énonce sa loi, la fameuse loi de la gravitation, selon laquelle la force varie comme l'inverse du carré de la distance, mais *hypotheses non finxit*, il ne sait pas pourquoi, et ne fait pas semblant de savoir.

C'est pour résoudre cette énigme que va naître, au XIXe siècle, un deuxième concept-clef de la pensée classique, qui déjà – et ce point est capital ici – va mettre en question l'idée de qualités premières des corps, c'est le concept d'onde, ou de champ.

La notion d'onde émerge d'abord pour rendre compte des mouvements particuliers de certains milieux, les vagues sur l'eau, le son dans l'air. Elle décrit de façon globale et macroscopique le comportement d'un substrat sous-jacent. Plutôt que de suivre en détail les mouvements individuels des atomes de l'air ou de l'eau, la description ondulatoire en donne une représentation d'ensemble, simple et générale. Ce concept se révélera des plus utiles en électromagnétisme, où il s'appliquera aux ondes électromagnétiques – la lumière, les ondes radio, bientôt les rayons X. Mais dans quel milieu se propagent ces ondes ? On invente un milieu hypothétique dans lequel la lumière est censée se propager, à l'instar du son dans l'air ou des vagues sur l'eau : c'est le fameux éther. Malheureusement, il va falloir doter ce milieu de propriétés des plus étranges et finalement contradictoires : il doit être très rigide pour expliquer la vitesse extrême de la lumière et très ténu pour pouvoir remplir tous les interstices de la matière. On finira par se résoudre à y renoncer et à accepter l'idée que les ondes électromagnétiques ne décrivent nullement le mouvement d'un substrat sous-jacent, mais que le champ électromagnétique constitue un être physique en soi. Le concept d'onde s'émancipe ainsi de sa base matérielle ; le terme

> « Avant Maxwell, on concevait la réalité physique en termes de points matériels. Après lui, on la représenta par des champs continus, sans explication mécanique [...]. Cette transformation dans notre conception de la réalité est la plus profonde et la plus féconde que nous ayons connue depuis Newton. »
> Albert Einstein, 1931.

plus général de champ s'imposera d'ailleurs dans ce contexte. Autrement dit, le champ acquiert un statut ontologique, il existe en tant qu'entité physique à part entière, au même niveau d'idéalité que le point matériel, ni plus, ni moins.

La physique classique est entièrement fondée sur ces deux notions, les corpuscules et les champs. Si les premiers représentent les éléments de la matière, les seconds servent de médiateurs à leurs interactions. Ainsi est réglée la difficulté à laquelle se heurtait Newton, l'aporie de l'action à distance. Pourquoi la Terre agit-elle sur la Lune ? Parce que la Terre engendre autour d'elle un champ de gravitation qui se propage de proche en proche dans l'espace, jusqu'à la Lune, et agit sur elle. Il n'y a plus d'action instantanée à distance ! L'action est locale et elle demande un certain temps de propagation entre l'actant et l'acté. Le même modèle vaut pour l'interaction électrique de deux corpuscules chargés. La force électrostatique n'a rien de mystérieux, elle résulte de l'action sur une des particules, du champ électrostatique créé par l'autre particule. Toute la physique classique, jusqu'à la fin du XIX^e^ siècle, rentre dans ce schéma (dont je donne ici une reconstruction logique *a posteriori* qui n'a pas été immédiatement comprise comme telle).

> « [...] jusqu'à Newton, comme il est facile de l'observer, l'espace s'offre à nous moins comme de la viande que comme le récipient de cette viande, comme le vase, le récipient de la force de gravité de cette viande ; son rôle est passif et chroniquement masochiste. Cet état de choses dure jusqu'au moment où, avec la découverte de la théorie ondulatoire de la lumière et des corps électromagnétiques de Maxwell et Faraday, l'espace peut commencer à dire : "cette pomme est à moi", ce qui, pour ne pas trop nous écarter des termes de physique, signifie : "cette dynamique est à moi". [...] [aujourd'hui], l'espace est devenu cette bonne viande colossalement aguichante, vorace et personnelle qui presse à tout moment de son enthousiasme désintéressé et mou la finesse lisse [...] des "êtres-objets" – lesquels sont aussi des corps plus ou moins étranges. »
>
> Salvador Dali, « Apparitions aérodynamiques des êtres-objets », *Le Minotaure*, n° 6, 1935.

Or la notion de champ déjà est en rupture avec l'idée des qualités premières des corps : en effet, un champ n'est pas substantiel au sens de la matière ordinaire solide, ni même d'un fluide liquide ou gazeux. Il est proprement impalpable ; il n'a pas de forme propre, d'extension particulière, il remplit *ipso facto* tout l'espace disponible (il se peut certes que, dans telle ou telle zone de l'espace, le champ soit nul ou négligeable, mais *a priori*, connaître un champ, c'est connaître sa valeur en tout point de l'espace). L'évolution d'un champ ne procède pas sur le mode d'un déplacement le long d'une trajectoire, à l'instar d'une particule. C'est dans tout l'espace à la fois qu'il évolue : on parle de propagation plutôt que de mouvement. Ainsi, un champ, bien avant l'avènement de la théorie quantique, ne répond déjà plus à cette norme des qualités premières que devraient posséder tous les corps.

Pour clarifier encore les notions de particule et d'onde et en venir ensuite aux quantons, il me suffira de mettre l'accent sur deux aspects fondamentaux des objets physiques : leur double caractérisation du point de vue de leur quantité et de leur spatialité, par rapport à la dichotomie fondamentale du continu et du discontinu (**tab. I.3**). Autrement dit, nous nous demandons si, du point de vue de la quantité d'une part et de la spatialité d'autre part, tel ou tel objet physique relève du continu ou du discontinu. En ce qui concerne la physique classique, la réponse est claire. Les corpuscules classiques relèvent du discontinu dans les deux ordres en question. Du point de vue de la quantité, les corpuscules peuvent se compter – un, deux, trois... –, ils appartiennent au discontinu, au discret mathématique. Du point de vue de leur spatialité, ils sont également discontinus, puisqu'ils occupent dans l'espace des points spécifiques, séparés.

| | *Quantité* | *Spatialité* |
|---|---|---|
| ***Particule*** | discrète | discrète |
| ***Champ*** | continue | continue |
| ***Quanton*** | discrète | continue |

TABLEAU I.3
**Quantité et spatialité des objets physiques**

Les deux caractéristiques semblent, je dis bien semblent, aller de pair : c'est parce qu'ils occupent des points séparés, individualisés dans l'espace, que l'on peut compter les corpuscules – un premier ici, un second là, je les énumère ainsi. Quant aux ondes classiques, elles relèvent du continu dans les deux ordres. Du point de vue de leur quantité, elles sont continues : l'intensité d'une onde peut prendre *a priori* n'importe quelle valeur – en décibels s'il s'agit du son, en mètres s'il s'agit des vagues à la surface de l'eau, et toute valeur du champ électrique est admissible pour une onde électromagnétique. Les champs appartiennent donc au continu quant à leur quantité. Leur spatialité est également continue puisque, comme on l'a vu, un champ est par essence un être qui occupe tout l'espace.

## Les quantons

Quant aux quantons, maintenant, ils nous réservent une surprise, et je ramène ici la difficulté conceptuelle de la théorie quantique à son noyau le plus profond. Les quantons relèvent du discontinu quant à leur quantité, et du continu quant à leur spatialité (**tab. I.3**). Autrement dit un quanton est un objet que, sauf circonstances exceptionnelles, trop particulières pour servir de norme, on ne peut pas localiser en un point ; *a priori* un quanton occupe tout l'espace qui lui est disponible – sous des formes évidemment particulières et spécifiques. Pour autant, ce sont des objets qui, du point de vue de leur quantité, sont discontinus. On peut les compter, d'où d'ailleurs leur nom, puisque la théorie a pris naissance dans la découverte (due à Planck) que la lumière n'est pas une onde continue, mais est constituée de petits paquets discontinus, discrets, quantifiés, les fameux *quanta* de lumière qui ont donné leur nom à la théorie quantique.

Les quantons, discontinus en quantité, continus en spatialité, montrent donc une analogie avec les corpuscules en ce qui concerne la quantité, mais avec les ondes en ce qui concerne la spatialité. C'est là ce qui a surpris au plus haut point les physiciens au début du XX^e^ siècle, quand ils se sont aperçus que les ondes électromagnétiques n'étaient pas vraiment des ondes, puisqu'elles avaient un aspect discontinu, mais que cette discontinuité n'était pas non plus celle des corpuscules classiques. Ces petites entités, les grains de lumière, auxquels on finira par donner le nom de photons comme vous le savez, ne sont pas des corpuscules classiques. Réciproquement, on s'aperçoit dans les années 1920 que les électrons, dont on pensait jusque-là que c'étaient des corpuscules au sens classique, des objets localisés, ponctuels, présentent des caractéristiques spatiales qui relèvent du continu. Finalement, les électrons et les photons vont se rejoindre dans cette nouvelle conceptualisation, et se révéler, les uns comme les autres, pour ce qu'ils sont – des quantons.

À la structure dualiste de la physique classique des corpuscules et des ondes, succède un monisme quantique. Il n'y a qu'un seul type d'objet en théorie quantique. Ces objets peuvent différer par telle ou telle propriété, leur masse, leur charge électrique, etc., mais leur nature profonde est la même. Électrons, photons, protons, etc., toute la taxonomie de ces particules relève d'une seule et même notion générique – celle de quanton.

> « Les objets quantiques sont complètement dingues, mais au moins ils le sont tous de la même façon… »
>
> Richard Feynman

On a pourtant longtemps caractérisé la situation suivant une terminologie qui se révèle aujourd'hui inadaptée, mais que j'explicite pour la critiquer. À l'époque des débuts de la théorie quantique, il était courant de parler de la "dualité onde-corpuscule" pour caractériser les objets quantiques. Cela peut se comprendre historiquement. Lorsque l'on découvre que l'électron, qu'on croyait être un corpuscule, présente des aspects ondulatoires, et qu'un champ électromagnétique, que l'on croyait être une onde, présente un aspect corpusculaire, on tâche de s'en sortir par l'idée bricolée d'une nature double, un quanton serait à la fois onde et particule… Mais ce ne peut être une bonne façon de penser, puisqu'un objet ne peut pas avoir deux natures hétérogènes à la fois : Dr. Jekyll et Mr. Hyde sont, ou plutôt est, un personnage de fiction. Il faut bien, après quelques décennies, se rendre à l'évidence : les objets quantiques, les quantons, ne sont *ni* des ondes *ni* des corpuscules – même si, dans certaines conditions, ils peuvent ressembler à des ondes et, dans certaines autres conditions, ils peuvent ressembler à des corpuscules.

Mais pourquoi a-t-on si longtemps considéré les quantons comme duaux – tantôt ondes, tantôt corpuscules ? C'est que, dans les débuts de la physique quantique, les conditions de types classiques prévalaient, et la plupart des objets apparaissaient essentiellement sous l'une ou l'autre de ces formes. Mais depuis que la connaissance théorique du monde quantique et son approche expérimentale se sont approfondies, les quantons que nous manipulons se présentent bien souvent d'une façon qui n'est ni ondulatoire ni corpusculaire, de sorte qu'ils révèlent alors pleinement leur nature. Voici une métaphore qui, je l'espère, peut éclairer ce propos. Imaginez vous au XVIIIe siècle, parmi les malheureux qu'on envoie en Australie (le Royaume-Uni reléguait là-bas ses gens de peu – il fallait absolument peupler cette nouvelle terre et on y expédiait souvent de force malfrats et filles publiques). Vous débarquez alors sur ce nouveau continent, dans un environnement totalement inconnu, où vous ne reconnaissez rien, ni les plantes, ni les bêtes, qui sont fort étranges. Vous voyez d'abord des troupeaux de bestioles qui sautent un peu partout, puis, en explorant un peu mieux cette nouvelle terre, vous apercevez dans les cours d'eau un animal assez timide qui fuit à votre approche, et ne se laisse guère observer de près. Il est tout à fait bizarre : lorsque vous arrivez à voir sa tête et ses pattes de devant, il ressemble à un canard, avec un bec corné et des pattes palmées ; puis, quand il s'enfuit et que vous le voyez de derrière, vous vous rendez compte qu'il a quatre pattes et que c'est une bestiole à fourrure, qui ressemble alors plutôt, disons, à une taupe.

> La prévalence initiale des idées classiques est également à l'origine d'autres formulations malheureuses, comme celle du prétendu "principe d'incertitude de Heisenberg". Voir **Question I.1**.

De fait, les colons anglais la baptisent *duckmole*, soit "canard-taupe". Autrement dit, ils décrivent cette bête nouvelle par le biais d'une dualité : tantôt canard, tantôt taupe. Mais quand enfin ils arrivent à s'en saisir et à l'observer de plus près, ils réalisent que ce n'est ni un canard ni une taupe – c'est, vous l'avez reconnu, un ornithorynque, qui exige effectivement une appellation propre. Ce n'est que sous ses apparences extrêmes, son petit derrière ou sa tête, que l'on peut le confondre soit avec un canard soit avec une taupe ; mais sa nature profonde est toute différente. Nous avons une situation semblable pour les quantons : ce ne sont que des aspects très particuliers de ces entités qui peuvent nous les faire prendre soit pour des particules, soit pour des ondes ; mais leur essence propre est autre.

### Les qualités antépremières

Le problème, alors, si les quantons diffèrent tant des objets usuels qui nous entourent, est de comprendre comment il est possible d'expliquer ce que nous pensions être les qualités premières des corps – la solidité, la figure, l'étendue, le mouvement, le nombre –, en termes de ces objets quantiques qui les constituent et qui de toute évidence en sont dépourvus (les quantons ont d'autres "qualités", que décrit la théorie formelle, dans le détail de laquelle je ne peux entrer ici). C'est que, lorsque nous descendons du niveau de la matière ordinaire au niveau atomique, ou plus précisément encore au niveau subatomique – les électrons, les noyaux, les particules –, nous assistons à ce qu'on pourrait appeler une sublimation des qualités premières en tant que telles. Elles disparaissent, elles s'évaporent, pourrait-on dire, mais non sans laisser derrière elles un reliquat subtil qui s'y substitue – des qualités "antépremières", pourrait-on dire. Je vais les commenter tour à tour.

Considérons d'abord la notion de *solidité*. C'est un concept sans pertinence aucune dans le domaine subatomique. On ne peut pas penser l'électron à l'instar d'une petite bille de matière solide. La notion de solidité qui est la nôtre, la notion intuitive que nous mettons en jeu quotidiennement quand nous l'appliquons, par exemple, à cette table, conjoint trois caractéristiques :

- spatialité : un objet solide occupe de l'espace,
- massivité : il a de la masse (de la matérialité, caractérisée par son inertie),
- impénétrabilité : des solides ne peuvent pas se traverser.

Dans le domaine quantique, ces trois notions de spatialité, de massivité et d'impénétrabilité se disjoignent et l'idée de solidité qui les rassemble perd sa pertinence. Soit l'exemple de l'atome lui-même. Dans la conception antique, celle de Lucrèce, mais qui sera aussi celle des classiques, un "atome" (je mets ici entre guillemets l'"atome" au sens classique, pour le distinguer de notre atome – quantique) est une petite boule absolument solide, infiniment dure, qui n'a pas de parties élémentaires. Si la matière ordinaire est pénétrable, c'est qu'on peut séparer ses "atomes" ; mais l'"atome" lui-même est totalement impénétrable. La solidité de la matière s'explique par la compacité de l'arrangement des "atomes" : plus les "atomes" sont serrés les uns contre les autres, plus leur solidité infinie donne de cohésion à leur assemblage. Mais notre atome moderne, déjà, ne répond nullement à son nom : *atomos*, cela veut dire insécable, que l'on ne peut pas séparer ; c'est justement l'idée d'élémentarité de Démocrite, Épicure et Lucrèce. Par un amusant paradoxe, les physiciens modernes, à peine prouvée l'existence des atomes, découvrent qu'ils ne sont *pas* des "atomes", en ce sens qu'ils sont sécables. Entre la mise en évidence des atomes (fin XIXᵉ siècle) et la révélation de leur structure interne, c'est-à-dire le fait qu'ils soient séparables en constituants – le noyau, les électrons – (début XXᵉ), il s'écoule quelques décennies au plus. Un atome finalement, c'est extrêmement ténu ! C'est "plein de vide". Sa taille est difficile à définir précisément, justement parce qu'un atome, ce n'est pas une boule qui aurait une frontière bien définie ; mais un atome occupe à sa façon (quantique) un volume dont les dimensions sont de l'ordre de quelques nanomètres (milliardièmes de mètre). L'essentiel de cet espace est en fait occupé par des électrons, objets extrêmement légers et épars, en essaim (on parle souvent aussi de nuage électronique) autour du noyau qui est dix mille fois à cent mille fois plus petit que l'atome lui-même et qui comporte l'essentiel de sa masse, les électrons ne comptant que pour moins d'un millième de cette masse. Ainsi, la masse de l'atome est-elle concentrée dans un domaine bien plus petit que son volume effectif. C'est cette disjonction que j'annonçais tout à l'heure entre spatialité et massivité. Quant à l'impénétrabilité, elle diffère fondamentalement de la solidité classique, qui est une caractéristique pour l'essentiel intrinsèque : quand on dit qu'un corps est solide, c'est qu'aucun autre corps (au sens usuel du terme) ne peut le traverser. Mais un atome est plus ou moins pénétrable selon ce qui le rencontre. Si deux atomes entrent en collision, en général ils rebondiront l'un sur l'autre, et peuvent donc être considérés comme à peu près mutuellement impénétrables. Par contre, si l'on envoie sur l'atome des électrons, ils pourront aisément le traverser (mais non sans être défléchis par leur interaction avec le nuage des électrons de l'atome). D'autres particules y arriveront aussi et encore mieux : les neutrons, par exemple, qui, n'ayant pas de charge électrique, ne "sentent" même pas les électrons atomiques, et peuvent traverser l'atome sans être défléchis – sauf s'ils cognent directement sur le noyau. Ainsi, l'impénétrabilité devient une propriété relative. On ne peut pas dire qu'un objet quantique est impénétrable, comme on le dit d'un corps matériel ordinaire, sans dire *à quoi* il l'est. La notion de pénétrabilité ne peut s'appliquer intrinsèquement à un objet quantique, mais concerne des couples d'objets – et, au surplus, ne s'évalue pas par tout ou rien.

Si l'idée de solidité se dissipe dans le domaine quantique, il en reste pourtant quelque chose – la notion de conservation, l'existence de lois de conservation. Au travers des transformations de la matière persiste une certaine permanence. La solidité classique garantissait la permanence substantielle de la matière : ce corps, je peux le casser en morceaux, ces morceaux resteront et j'aurai toujours la possibilité de reconstituer le corps. À un niveau maintenant plus abstrait, il subsiste dans le monde quantique certaines propriétés qui se conservent dans les différentes transformations de la matière. Il y a l'énergie d'abord, dont la loi de conservation reste valable en théorie quantique, comme elle l'était en théorie classique, mais nous en dirons plus là-dessus à propos de la relativité. La charge électrique aussi se conserve – et d'autres grandeurs dans le détail desquelles je n'entre pas. Ces propriétés physiques, obéissant à des lois de conservation, garantissent ainsi une certaine permanence à la matière, par-delà la solidité de type classique.

Quant à la *figure* des corps, suivant le terme de Locke, leur forme (au sens géométrique), elle disparaît aussi. Lucrèce imaginait ses "atomes" avec des formes variées, sphériques ou pointues, ce qui lui permettait d'expliquer les qualités secondes à partir des qualités premières. Les atomistes anciens attribuaient ainsi à leurs "atomes" une figure au sens classique, des formes géométriques particulières.

> « Le lait et le miel laissent dans la bouche une sensation qui flatte la langue, tandis que l'absinthe amère, la sauvage centaurée, ont une saveur qui nous fait faire la grimace : à quoi tu reconnaîtras aisément que des éléments lisses et ronds composent les corps agréables à nos sens, et qu'au contraire toutes les substances amères et âpres au goût proviennent d'un assemblage d'éléments crochus et serrés, lesquels obligent à déchirer les voies qui accèdent à nos sens et à maltraiter les organes dont elles forcent l'entrée. »
>
> Lucrèce, *De natura rerum*, II, 398-408, trad. Ernout.

Cette notion de figure disparaît totalement. Un atome n'a pas de forme propre. Notez d'ailleurs que cette notion de forme avait déjà disparu en physique classique avec l'idée de champ ! Le champ classique, les ondes classiques, n'ont pas de forme propre, puisque leur structure spatiale dépend essentiellement des contraintes aux limites de l'espace qui les contient. Si vous faites passer une onde électromagnétique dans un tube circulaire ou si vous l'enfermez dans une enceinte cubique, vous aurez des modalités différentes d'occupation de l'espace (des modes, disent les physiciens justement). Ce que l'on pourrait appeler la forme de l'onde n'est donc pas une figure qui lui appartient en propre, mais est contingente, régie par des conditions extérieures. Cette "forme sans figure" garde pourtant une certaine pertinence abstraite, *via* la notion de symétrie. On peut ainsi attribuer aux atomes, non pas une figure géométrique, mais une symétrie. Par exemple, on ne saurait dire d'un atome qu'il est sphérique, mais certains atomes ont la *symétrie sphérique*, en ce sens qu'ils ont, comme une sphère ordinaire, la même apparence quel que soit l'angle sous lequel on les considère. Cette idée de symétrie, qui peut être sphérique ou d'une autre nature pour des atomes ou molécules plus complexes, se substitue à l'idée de figure propre. Il peut y avoir symétrie cubique sans qu'il y ait un cube, symétrie cylindrique sans qu'il y ait un cylindre (dans ce dernier cas, cela veut seulement dire que quand l'objet tourne autour d'un axe, il reste inchangé). La notion de symétrie est capitale dans la physique moderne, précisément parce qu'elle vient relayer la notion de forme géométrique, qui, elle, disparaît.

La notion d'*étendue* des corps, maintenant, va subir un affaiblissement similaire, essentiellement parce que l'étendue d'un quanton ne peut être caractérisée qu'en raison de ses interactions avec les autres. Soit par exemple un corpuscule électriquement chargé, mettons un proton. Il interagit avec un autre proton suivant une loi de force, qui est tout à fait homologue à la loi classique de Coulomb : la force électrique varie comme l'inverse carré de la distance. Ainsi, l'interaction s'affaiblit avec la distance, mais sa portée est infinie. Deux protons, aussi loin qu'ils se trouvent l'un de l'autre, continuent à interagir électriquement, même si c'est de plus en plus faiblement. Mais ces mêmes deux protons n'interagissent pas seulement par des forces électromagnétiques : il existe entre eux un autre type de forces, qui se sont révélées dans l'étude de la physique nucléaire au début du XX^e^ siècle. On les appelle, tout bêtement, forces nucléaires, et elles ne se ramènent ni aux forces électromagnétiques, ni aux forces de gravitation ; ce sont des forces spécifiques qui interviennent au niveau des noyaux. Pourquoi n'interviennent-elles qu'au niveau des noyaux ? Justement parce que leur portée est limitée, très courte, de l'ordre du fermi ou femtomètre, soit $10^{-15}$ mètres ; c'est l'ordre de grandeur de la taille des noyaux, cent mille fois plus petite que celle des atomes. Deux protons (ou tout couple de hadrons) interagissent *via* ces forces nucléaires s'ils se trouvent à des distances inférieures au fermi, mais ne se "sentent" plus dès qu'ils sont plus éloignés. Si donc on considère un proton et que l'on se demande quelle est son étendue, c'est-à-dire jusqu'où il fait sentir sa présence, tout dépend de son partenaire : s'il s'agit d'un corpuscule électriquement chargé aussi, un autre proton ou un électron par exemple, il le "sentira" (interagira avec lui) aussi loin qu'il soit ; mais s'il s'agit d'un corpuscule qui n'a que des interactions nucléaires, par exemple un neutron, qui n'a pas de charge électrique, le proton ne le sentira qu'à de très courtes distances, de l'ordre du fermi. La notion d'étendue, d'extension propre, disparaît donc ou plutôt devient relative, relative aux interactions entre les corps.

Mentionnons plus brièvement cette autre “qualité première” qu'est pour les classiques l'idée de *mouvement*. Il n'y a pour les quantons plus de mouvement au sens d'une trajectoire, comme celles que suit une particule classique. Puisqu'un quanton possède une spatialité continue, a une extension spatiale indéfinie, son mode d'évolution temporelle est plus proche de la propagation des ondes que du mouvement des corpuscules. Il faut donc ici rompre avec le projet cartésien qui était de décrire le monde «par figures et mouvements». Plus de figures, plus de mouvements, mais d'autres caractérisations, bien sûr, qui ne correspondent pas à nos intuitions immédiates et à nos pratiques communes – ce sont de nouvelles notions que les théories physiques font émerger de l'expérience du monde quantique.

## Nombre et identité des quantons

Un dernier mot sur la notion de *nombre*, qui présente en théorie quantique un caractère assez mystérieux, en ce sens qu'il y a du nombre sans distinction. Pour Locke, l'idée de nombre était liée à la possibilité de distinguer les corpuscules, ce qui permet de les dénombrer. C'est l'idée évoquée plus haut de la discontinuité en quantité qui garantit le caractère discret, et la possibilité de dénombrer: 1, 2, 3… Mais si les quantons ne sont plus ponctuels, n'occupent plus un point déterminé de l'espace, je ne peux plus désigner celui-ci, puis celui-là; s'ils n'ont plus de trajectoires, je ne peux plus les suivre individuellement – leur distinction se perd. La théorie quantique apporte ainsi une réponse claire et nette à un très vieux problème philosophique, celui de l'existence de corps identiques, qui était pour Leibniz une impossibilité. Pour lui, il est impossible que deux corps soient identiques, en vertu du principe de raison suffisante: s'il y a deux corps identiques, le simple fait que l'un soit ici et l'autre là, montre qu'ils ne sont pas identiques; ou, par l'absurde, si deux corps identiques sont en deux points A et B, il n'y a aucune raison suffisante pour que l'un soit en A et l'autre en B, ou l'inverse.

Mais s'il n'y a plus de localisation spatiale ponctuelle, la prémisse de cet argument est invalide. De fait, une propriété essentielle des objets quantiques d'un genre donné (les électrons, les photons, etc.) est leur identité absolue : tous les électrons sont absolument identiques, on ne peut pas, *par principe*, les discerner. On peut affirmer par exemple que, dans un atome d'hélium, il y a deux électrons, mais on ne peut pas les dénommer, désigner celui-ci comme le numéro un, celui-là comme le numéro deux, leur mettre une étiquette sur le dos qui permettrait de les discriminer. Mais alors comment peut-on les dénombrer ? Très simple : il suffit de mesurer leur masse totale, ou leur charge totale. Ainsi la charge totale des électrons dans un atome d'oxygène vaut exactement 8 fois la charge individuelle d'un électron ; il y a donc 8 électrons dans un atome d'oxygène. On peut dénombrer les électrons mais pas en les distinguant, ce qui veut dire que la notion de nombre, pour les objets quantiques, est plus ténue que pour les objets usuels. Dans la notion classique de nombre qui sert à compter les pommes, les torchons, les serviettes, tous les objets usuels, on distingue deux aspects : l'aspect cardinal et l'aspect ordinal. L'aspect cardinal, c'est celui de la quantité prise en bloc : par exemple, je peux compter des morceaux de sucre en pesant leur ensemble, et en divisant par la masse du sucre individuel. L'aspect ordinal, c'est la possibilité de mettre un ordre et, en les rangeant (dans l'espace usuellement), de pointer un premier sucre, un deuxième, un troisième, un quatrième, un cinquième enfin ; au bout du compte, on dira qu'il y en a cinq. Pour les objets localisés

> « Il n'y a pas d'individus indiscernables. Un de mes amis, subtil gentilhomme, lors d'une conversation en présence de Son Altesse Royale [la princesse Sophie, protectrice de Leibniz] dans le jardin de Herrenhausen, affirma qu'il pourrait trouver deux feuilles absolument pareilles. Son Altesse le mit au défi, et il passa longtemps à courir en vain à la recherche d'une telle paire. Deux gouttes d'eau ou de lait observées au microscope seront toujours discernables. »
>
> Leibniz, Lettre à Samuel Clarke (1715).

dont nous avons l'habitude, il est possible de les ordonner et l'ordinalité va de pair avec la cardinalité. Les objets quantiques perdent l'ordinalité, gardent la cardinalité. On peut dire : il y a huit électrons dans l'atome d'oxygène, on ne peut pas les ordonner – le premier, le deuxième, le troisième, etc. Leibniz fondait son "principe des indiscernables" sur le "principe de raison suffisante" :

> « L'ordre dans lequel sont placés des corps égaux et semblables en tous points est absolument indifférent, et aucun de ces ordres ne pourrait donc être choisi par Celui qui ne fait rien sans raison. Mais étant l'Auteur de toutes choses, Il se garde de produire de tels corps qui donc n'existent pas dans la Nature. »

Et de conclure qu'il y avait là un argument contre les atomes « qui, comme le vide, sont contraires aux principes d'une vraie métaphysique ». Mais dès lors que la notion même d'ordre perd toute pertinence dans le domaine quantique, tombe l'argument leibnizien : l'Auteur de toutes choses semble avoir trouvé le moyen de contourner la pluralité des ordres possibles et de ne pas avoir à exercer un choix impossible.

Or l'identité – absolue – des quantons d'une espèce donnée a des conséquences majeures. Elle est à la base de comportements collectifs tout à fait originaux. L'état d'un ensemble de quantons ne peut, contrairement au cas de particules classiques, être décrit comme une liste d'états individuels dont chacun serait attribué à l'un des membres de l'ensemble. Du fait même de l'impossibilité de distinguer ces quantons et d'assigner à chacun un état spécifique, c'est, en quelque sorte, l'ensemble des quantons qui occupe l'ensemble des états individuels. Cette répartition peut se faire de deux façons, et deux seulement. Certains quantons, baptisés "bosons" (car, en grand nombre, ils obéissent à une statistique dite de Bose-Einstein), montrent une propension à la grégarité d'autant plus grande que leur nombre est plus élevé : sont favorisés les

> « Les objets quantiques manquent totalement de singularité. [...] Les électrons sont radicalement égaux. L'individualité d'un électron est son espèce, et rien de plus ; il n'est qu'une occurrence d'"électronité", et rien de plus. »
>
> Peter Pesic, *Seeing Double*, MIT Press, 2002.

états collectifs construits à partir d'états individuels identiques. De tels systèmes montrent une forte cohérence, ce qui permet d'expliquer, les photons ayant un caractère bosonique, le rayonnement laser. Relèvent aussi de cette analyse les phénomènes de superfluidité ou de supraconductivité. D'autres quantons, baptisés "fermions" (car, en grand nombre, ils obéissent à une statistique dite de Fermi-Dirac), sont au contraire d'une ombrageuse exclusivité : seuls sont possibles pour eux des états collectifs construits à partir d'états individuels tous distincts, ce qui équivaut à une sorte de répulsion intrinsèque (et indépendante de toute interaction particulière). Le caractère fermionique des électrons est ainsi à l'origine de la structure même des atomes, de leur classification (tableau de Mendeleïev), et de leurs propriétés chimiques. Plus fondamentalement encore, la stabilité de la matière macroscopique, sa capacité à résister à la tendance à l'effondrement sur elle-même que suscitent les attractions électrostatiques des électrons et noyaux en son sein, repose sur la nature fermionique des électrons : si les électrons étaient brutalement privés de cette propriété, un objet commun tel qu'une pomme, s'effondrerait sur lui-même en dégageant une énergie comparable à celle de plusieurs milliards de bombes H... C'est ainsi l'impénétrabilité macroscopique de la matière ordinaire qui se révèle en dernière analyse fondée sur la nature quantique de sa constitution microscopique.

> La limite entre le domaine de validité de la théorie quantique et celui de la théorie classique est mal définie et demande une exploration subtile. Voir **Question I.2**.

On voit bien, sur le cas du nombre, comment les qualités antépremières originales du monde quantique sont absolument déterminantes pour l'existence même du monde commun dans l'apparence classique qu'il présente à nos yeux. Reste encore à montrer comment et dans quelles conditions émergent les qualités premières classiques. C'est là une tâche ardue, et qui est loin d'avoir été menée à bien en toute généralité.

## Une vulgarisation négative ?

Je montrerai plus loin, à propos de relativité, que certains aspects de l'espace-temps viennent, eux aussi, bouleverser la notion de qualité première. Mais je voudrais terminer ces premières réflexions en m'interrogeant sur la difficulté du partage du savoir de la physique contemporaine. Car il subsiste un large hiatus entre, d'une part, la connaissance des spécialistes, désormais maîtrisée et devenue largement intuitive, et, d'autre part, celle des profanes, pour lesquels on multiplie livres, articles et conférences de vulgarisation, avec, il faut bien le dire, un succès mitigé.

Le problème est particulièrement aigu en ce qui concerne la théorie quantique. Car évidemment, j'ai fait ici un exposé *sur* la théorie quantique, non pas *de* la théorie quantique. Exposer la théorie quantique au sens strict exigerait – en tout cas je ne sais pas faire autrement – que j'aie un tableau, une craie et que j'écrive des symboles et des formules mathématiques, peut-être pas des expressions très compliquées, mais quelques-unes quand même. Autrement dit, il n'y a pas de théorie physique qui soit cohérente et pertinente si on la prive de son substrat formel, mathématisé. Qu'ai-je alors tenté de faire ici ? Eh bien, je dirais que j'ai essayé de montrer ce que ne sont *pas* les quantons plutôt que de montrer ce qu'ils sont. Autrement dit, je me demande si, en ce qui concerne la physique contemporaine, et d'ailleurs une bonne partie des sciences contemporaines en général, nous ne devons pas nous résoudre à nous contenter, au moins provisoirement, de ce que l'on pourrait appeler une "vulgarisation négative". Comme il y a une théologie négative : on ne peut pas dire ce que Dieu est, mais on peut dire ce

> « [...] le sens de la physique est de nous faire faire des "découvertes philosophiques négatives" en montrant que "certaines affirmations qui prétendent à une validité philosophique n'en ont pas en vérité". La physique [...] provoque la philosophie, la pousse à penser des concepts valables dans la situation qui est la sienne. »
>
> Maurice Merleau-Ponty, *La Nature*
>
> [Les expressions entre guillemets sont dues aux physiciens F. London et E. Bauer.]

qu'Il n'est pas, et c'est déjà beaucoup : Il n'est pas fini, Il n'est pas visible, etc. – quant à dire ce qu'Il est, c'est une autre affaire. D'ailleurs, la vulgarisation ainsi comprise ne fait que rejoindre la philosophie des sciences, tout au moins dans la conception exigeante qu'en présente Maurice Merleau-Ponty.

Pour les quantons, dire ce qu'ils sont vraiment (si tant est qu'un tel énoncé ait un sens) demanderait de plonger au cœur de la théorie et de ses concepts à travers son formalisme. Mais pourquoi cette difficulté serait-elle particulière à la théorie quantique ? La physique classique déjà est une théorie mathématiquement formalisée et on devrait y trouver la même difficulté. On la trouve ! Par exemple, dans la théorie classique des champs : la notion de champ, celle de l'électromagnétisme maxwellien, n'est pas une notion très intuitive et j'ai eu quelque mal à la présenter. La difficulté est moindre pour des objets comme le point matériel et pour les concepts de la mécanique classique. Car ce que les physiciens classiques ont dû concevoir avec difficulté au XVII^e siècle puis au XVIII^e sont des notions qui pour la plupart nous sont devenues familières. Ainsi le fait que la Terre puisse être isolée dans l'espace, et n'a pas besoin d'être posée sur le dos d'une tortue qui elle-même reposerait sur le dos d'un éléphant, etc. Certes, que la Terre flotte ainsi librement dans l'espace, si l'on y pense sérieusement, cette idée continue ou recommence à poser question (en tout cas, cela devrait !) ; il n'empêche que c'est une connaissance commune, désormais empirique parce que chacun a vu des schémas, des maquettes du Système solaire, et même maintenant des photos de la Terre vue de loin dans l'espace. Il y a donc une pratique collective, sociale, fût-elle de l'ordre de la seule représentation imagée, qui nous assure de ce savoir. Alors qu'évidemment, pour Copernic et pour ses successeurs immédiats, imaginer la Terre dans l'espace, cela ne pouvait être que de l'ordre de la pensée, c'était un effort mental absolument gigantesque.

Deuxième exemple : un des plus grands accomplissements intellectuels de Galilée va être sa construction de la notion de vitesse instantanée pour expliquer la loi de la chute des corps. Quand un corps tombe, sa vitesse change d'instant en instant.

Qu'est-ce que cela peut bien vouloir dire ? La notion de vitesse, je sais ce qu'elle signifie entre deux instants. Si je parcours cinq kilomètres en une heure, eh bien, je fais du 5 kilomètres à l'heure. Si je fais deux kilomètres et demi en une demi-heure, c'est pareil, je peux réduire mon intervalle de temps et l'intervalle d'espace en même temps. Mais à la limite où les deux instants coïncident et où l'intervalle se réduit à un point, comment dire que le mobile a une vitesse en ce point puisque, en un point unique, la notion même de mouvement perd son sens ? On retrouve là le vieux paradoxe éléate de Zénon. C'est le paradoxe du mouvement, auquel Galilée va répondre en forgeant la notion de vitesse instantanée par passage de la limite. Or il ne dispose pas de la notion de dérivée, il n'y a pas encore de calcul différentiel, et Galilée est obligé de penser, si j'ose dire, à tête nue, et c'est là encore un effort mental extraordinaire. Aujourd'hui, nous avons tous un tachymètre dans notre voiture et nous voyons l'aiguille du compteur de vitesse qui bouge à chaque moment. Comme le disait Bachelard, les concepts sont maintenant concrétisés dans des instruments : ce concept théorique de vitesse instantanée, très profond, très difficile chez Galilée, est maintenant matérialisé dans un objet de métal qui nous le fait voir sinon comprendre. On pourrait dire la même chose de la tension électrique. Dans un texte assez drôle, Paul Langevin explique cette concrétisation de la notion de tension électrique :

> « [...] nous voyons dans notre expérience récente, des notions très abstraites et difficilement assimilables au début, se colorer de concret à mesure que se formait l'habitude, qu'elle s'enrichissait de souvenirs et d'associations d'idées. Je citerai des notions comme celle du potentiel, par exemple. Dans ma jeunesse, il n'en était pas question ; puis on a commencé d'en parler avec beaucoup de prudence. [...] Aujourd'hui, nous avons reçu la culture nécessaire et nous sommes habitués. Quand on parle de potentiel entre deux bornes électriques, nous sentons de quoi il s'agit ; nous avons associé cette idée à un nombre suffisant d'expériences intellectuelles ou physiologiques pour avoir coloré de concret ce qui était primitivement défini de manière abstraite [...]. L'ouvrier électricien sait très bien que cette notion d'une grandeur qui se mesure

en volts, correspond au fait qu'il peut être secoué s'il se trouve toucher les bornes dans des conditions favorables, ou bien au fait qu'une lampe mise entre les deux bornes rougira ou sautera et qu'un voltmètre placé dans les mêmes conditions déviera. Il est tellement familier avec les manifestations concrètes de la différence de potentiel qu'il désigne celle-ci du nom familier de "jus". Cela prouve que la notion a cessé d'être abstraite pour lui.»

Mais, en ce qui concerne les théories scientifiques modernes, la question se pose différemment. La physique contemporaine s'est matériellement investie dans la technologie, sous une forme doublement invisible. Premièrement, il se trouve qu'elle concerne essentiellement le monde microscopique – les atomes, ça ne se voit pas, à l'œil nu en tout cas. Mais deuxièmement, la technologie actuelle est, de par sa nature économique, faite de boîtes noires. Nous avons tous des objets techniques quantiques chez nous, par exemple les lecteurs de CD qui utilisent un faisceau laser, phénomène quantique par excellence. Mais nous n'avons jamais vu le faisceau laser de notre lecteur de CD, parce que tous les objets techniques contemporains sont soigneusement scellés. On ne touche plus à rien, on ne démonte pas, et on remonte encore moins. Si les enfants jusqu'à la fin de la première moitié du XX^e siècle encore, ceux de ma génération, démontaient les réveils, en voyaient les engrenages et pouvaient les remonter, aujourd'hui, avec un réveil à quartz, un enfant peut éventuellement le mettre en pièces, mais sûrement pas comprendre pour autant comment il marche. Il y a donc une opacité à la fois de la technologie et de la théorie sous-jacente, qui a profondément changé la nature de notre rapport avec les idées scientifiques. C'est un des paradoxes de la modernité que, à certains égards, et malgré les efforts gigantesques que déploie la société pour partager le savoir scientifique (musées, livres, expositions, émissions, etc.), cette tâche soit plus difficile aujourd'hui qu'elle ne l'a jamais été.

## Questions I

**Question I.1** *Pouvez-vous éclairer ma lanterne sur le principe d'incertitude, c'est-à-dire sur l'impossibilité de déterminer avec précision la position d'un électron en théorie quantique ?*

Avec ce fameux "principe d'incertitude de Heisenberg" – vous allez comprendre pourquoi je mets des guillemets –, nous avons affaire à un phénomène semblable à celui que j'ai décrit à propos de la "dualité onde-corpuscule". Autrement dit, il s'agit d'un énoncé inadéquat, mais qui se comprend historiquement. Après tout, les physiciens de génie qui ont construit la théorie quantique ne la connaissaient pas encore ! Et, comme toute innovation, elle n'a pu apparaître que formulée dans les termes de l'ancienne théorie qu'elle allait remplacer. On ne dispose jamais à l'avance des bons termes, des expressions adéquates, pour désigner le nouveau. Ainsi, le terme de "principe d'incertitude" visait-il à rendre compte de la spatialité étendue des quantons, du fait qu'ils ne peuvent, en règle générale et sauf exception, être assignés à un point particulier de l'espace, mais qu'ils occupent au mieux une certaine zone. Dans un premier temps, cette extension a été pensée sur le modèle de la notion classique d'incertitude expérimentale, c'est-à-dire d'une connaissance limitée de la position de l'objet. Tout expérimentateur, quand il mesure la position d'un objet, la donne avec une marge d'erreur – sinon ce n'est pas un physicien digne de confiance ! Mais l'incertitude due au processus de mesure n'empêche pas qu'une particule classique soit à un endroit bien défini, ait une position précise, même si je ne la connais pas exactement. En physique quantique, les physiciens découvrirent une sorte de conspiration : la méconnaissance de la position d'une particule quantique et celle de sa vitesse semblaient liées. Pour une particule classique, ces deux incertitudes sont totalement indépendantes, on peut en principe mesurer aussi finement que l'on veut à la fois sa vitesse et sa position. Mais en physique quantique, il y a corrélation : si j'essaye d'attribuer une position bien définie à l'électron en l'obligeant à se localiser en un point précis, alors du coup je perds toute information sur sa vitesse, et inversement. Cependant, il ne s'agit pas d'"incertitudes". On ne peut employer ce mot d'"incertitude" que si l'on persiste à penser que l'électron est quelque part mais qu'on ne sait pas où, et a une vitesse définie mais qu'on ne connaît pas. C'est donc que l'on continue à le penser comme une particule classique ; en ce sens, le terme d'"incertitude" est un reliquat des conceptions classiques que la théorie quantique elle-même dépasse, comme on va le voir. Quant à l'idée de "principe", elle est encore moins fondée, car désormais cette idée apparaît comme une conséquence d'axiomes de base de la théorie quantique, beaucoup plus généraux et beaucoup plus profonds.

Comment alors décrire la situation ? Quel mot employer si je refuse celui d'"incertitude" ? On a utilisé le terme d'"indétermination" qui est déjà préférable – "indéterminitude", pour forger un néologisme savant, aurait été encore meilleur. Car, si "incertitude" veut dire « je ne sais pas où est l'électron », "indétermination" ou "indéterminitude" veut dire « sa position n'est pas déterminée de façon précise », il *n'a pas* une position déterminée. On rejoint une idée déjà connue dans la théorie classique des ondes qui, à beaucoup d'égards, anticipe sur certains aspects de la théorie quantique et permet d'expliciter certaines de ses difficultés. Considérons la notion de fréquence d'un son. Si j'émets un son pur en faisant onduler une corde vibrante de façon rigoureusement sinusoïdale, ce son possède une fréquence unique bien déterminée. Mais si je prends une corde de violon, et que je la mette en vibration avec mon archet, la corde ne vibrera pas de façon sinusoïdale et émettra un son qui n'aura pas une fréquence unique. Ce son aura ce qu'on appelle un timbre, et pourra être considéré comme la superposition de plusieurs fréquences, des "harmoniques". Un son en général n'est pas caractérisé par une fréquence bien déterminée, il a un spectre de fréquences. La plupart des sons qui sortent de ma bouche en ce moment possèdent toute une gamme spectrale. Il y a évidemment un fondamental, un "formant" comme on dit, mais on y trouve bien d'autres fréquences. Ainsi, un son pur est caractérisé par une fréquence unique et déterminée, mais ce n'est pas le cas d'un son quelconque. Sa fréquence n'est pas déterminée, elle possède un spectre ayant une certaine largeur, comme tous les musiciens et électroniciens le savent. Il faudrait utiliser les mêmes termes (largeur, dispersion, extension...) pour parler de la position et de la vitesse en termes quantiques, parce que ces grandeurs relèvent exactement de la même analyse. Un électron possède donc un spectre de position, avec une certaine largeur de spectre – pas une incertitude, terme qui est un reliquat d'une conception ancienne et dont il serait temps, me semble-t-il, de se débarrasser. Vous observerez au passage ce paradoxe de la physique contemporaine qui n'est pas sans liens avec celui que j'énonçais quant aux difficultés à en partager les savoirs, et qui tient à l'archaïsme de son vocabulaire. Force est de constater que la physique la plus moderne a moins fait évoluer son vocabulaire que ne l'avait fait la physique classique du XIXe siècle. Si, entre 1850 et 1900, avec le début de la théorie des champs, par exemple, la terminologie de la physique a beaucoup évolué, nous restons aujourd'hui beaucoup trop prisonniers à la fois en théorie quantique et en relativité d'une terminologie ancienne et désuète, ce qui ne facilite pas le partage du savoir.

Je mentionnerai pour terminer que la même situation que nous venons de voir pour la position et la vitesse vaut en théorie quantique pour l'énergie et la durée. Un phénomène ne peut être caractérisé par une valeur unique et bien déterminée de l'énergie que s'il s'agit d'un phénomène stationnaire, non évolutif. Pour un processus de durée limitée, l'énergie ne peut être caractérisée qu'avec un certain flou, une dispersion intrinsèque.

**Question I.2** *J'aimerais savoir comment se fait le passage du monde quantique au monde macroscopique. Si un électron, on ne sait pas où il est, par contre un atome, on sait parfaitement où il est : car on peut maintenant, à l'aide des nanotechnologies, déplacer un atome. L'atome, lui, a donc une position bien précise. Comment se fait le passage d'un univers à l'autre ? Brusquement, d'un seul coup ? Ou bien y a-t-il une zone imprécise ?*

C'est la grande question de la théorie quantique, et qui n'est pas encore résolue complètement aujourd'hui. En général, la théorie quantique cède la place à la théorie classique pour des objets de plus en plus gros, mais ce n'est pas aussi simple. Il ne suffit pas qu'un corps soit macroscopique et comporte des milliards d'atomes pour qu'il ait un comportement classique. Nous sommes tous convaincus, nous physiciens, que la bonne théorie, c'est la théorie quantique, et que tous les objets qui nous entourent ou nous constituent sont faits de protons et d'électrons, qui sont des objets quantiques. La question est donc : « Comment se fait-il que ces gros systèmes quantiques composés aient l'air de se comporter comme des objets classiques ? » C'est une affaire d'approximation. Comment rendre compte du fait que la théorie classique est, dans certaines conditions, une bonne approximation de la théorie quantique ?

Ce qui prouve que le problème est compliqué, est que nous connaissons désormais des objets composés complexes qui ne perdent pas entièrement trace de leurs caractéristiques quantiques – à commencer par les atomes justement. Il est vrai, comme vous le dites, que l'on sait désormais (grâce à des technologies de nature quantique d'ailleurs) observer la matière à l'échelle atomique et voir que, dans un cristal par exemple, les atomes ont des positions relativement bien déterminées. Mais, et c'est une mise en évidence expérimentale récente, on sait du même coup manipuler les atomes de façon à leur faire exhiber des comportements typiquement ondulatoires où ils sont véritablement délocalisés, comme on savait le faire depuis longtemps avec des électrons ou avec des photons. On sait aujourd'hui faire interférer ou diffracter des atomes et même des molécules de plus en plus grosses ; on l'a fait récemment avec des fullerènes. Ces molécules, qui ont des dizaines d'atomes de carbone, sont des objets relativement gros, qu'on serait tenté de concevoir comme de petits grains de matière presque classiques. Or on sait, dans certaines conditions bien contrôlées, mettre en évidence leur comportement quantique. Mieux encore, il y a des objets proprement macroscopiques qui, quant à certaines de leurs propriétés un peu sophistiquées certes et difficiles à mettre en évidence, gardent des comportements quantiques. C'est par exemple le cas des matériaux supraconducteurs. La supraconductivité, c'est-à-dire la capacité pour certains métaux de conduire à basse température le courant électrique sans résistance aucune, est un phénomène fondamentalement quantique qui se manifeste dans des objets de taille centimétrique ou plus. Il en va de même pour la superfluidité de l'hélium liquide, qui peut à basse température s'écouler sans aucune viscosité, ce qui est un phénomène spécifiquement quantique. Dernier exemple, le plus commun d'ailleurs, un faisceau laser. C'est un champ électromagnétique macroscopique, visible, mais ses propriétés de directivité et de cohérence sont essentiellement quantiques. Ainsi, il ne suffit pas de considérer de gros objets pour pouvoir passer du quantique au classique. Pour la plupart des comportements des objets macroscopiques, il est vrai que la théorie classique nous donne une bonne approximation ; mais nous ne disposons pas à l'heure actuelle de critères théoriques, formels et précis, pour nous en assurer, et cette question reste aujourd'hui la grande énigme de la théorie quantique. Au fond, paradoxalement, ce qui est le plus difficile à comprendre du point de vue moderne, ce n'est pas la théorie quantique, c'est la théorie classique !

# II. La matière relativiste

Il est coutumier de considérer que la physique a connu, au début du XXe siècle, deux révolutions, la quantique et la relativiste. Après avoir décrit les effets de la première sur nos conceptions de la matière, c'est à ceux de la seconde que nous nous intéressons maintenant. Mais ces "révolutions" ne sont pas de même nature. La théorie quantique, nous l'avons vu, représente une rupture véritablement essentielle en ceci qu'elle bouleverse de façon radicale les concepts de la théorie classique – une révolution, donc. La relativité einsteinienne, par contre, devrait plus raisonnablement être considérée comme une réforme – certes profonde – de la conception classique de l'espace et du temps : considérée avec le recul du temps, elle perfectionne cette conception, la met en cohérence avec le reste de la physique. Elle constitue une sorte de clef de voûte de l'édifice de la théorie classique – qui se transformera en pierre angulaire des théories modernes.

## Les relativités : de Galilée à Einstein

De fait, la théorie de la relativité telle qu'Einstein va la proposer en 1905 s'inscrit dans la foulée de travaux qui la précèdent depuis plusieurs décennies, à commencer par la majestueuse théorie unifiée de l'électromagnétisme due à Maxwell. Mais cette dernière entre en conflit avec la conception classique, galiléenne et newtonienne, de l'espace et du temps. Ce que va apporter Einstein, c'est une façon de rendre sa cohérence à la théorie de l'électromagnétisme en réformant les conceptions de l'espace et du temps. En ce sens, l'article de 1905 d'Einstein sur la théorie de la relativité apparaît comme un point d'orgue de la physique classique. D'ailleurs, la théorie de la relativité, contrairement à certaines légendes encore répandues, connaîtra un succès quasiment immédiat dans le monde scientifique, et sera très rapidement acceptée. On peut voir une indication de cette rapidité dans le fait qu'Einstein, en 1905 modeste expert au bureau des brevets de Berne (il n'avait pas trouvé de poste malgré son excellente formation, celle du Polytechnicum de Zurich, une des meilleures universités du monde), se verra très rapidement proposer un poste par l'université de Berne, puis une chaire par celle de Prague. Ainsi sera-t-il tout de suite admis, malgré sa jeunesse, dans le milieu le plus prestigieux de la physique. En revanche, son article de la même année 1905 sur les quanta de lumière, qui jette les bases de la théorie quantique après un travail inaugural de Planck en 1900, n'est que le début d'un considérable effort collectif. Il faudra plus de vingt ans d'intenses travaux, marqués par des noms comme ceux de Bohr d'abord, puis de Heisenberg, de Broglie, Schrödinger, Dirac, etc., pour que la théorie quantique soit véritablement formulée de façon cohérente. Ce n'est donc pas du tout la même trajectoire historique.

À la vérité, on ne peut même pas dire qu'Einstein a inventé la théorie de la relativité, de même qu'il est erroné de dire que la notion d'espace-temps date de cette époque. Certes, le premier à utiliser le terme d'espace-temps sera Minkowski en 1908, dans sa formalisation mathématique de la théorie einsteinienne ; mais l'idée que l'espace et le temps ont partie liée est d'une certaine façon évidente : qu'est-ce donc que le mouvement, sinon un déplacement dans l'espace au cours du temps ? On peut à l'inverse partir de l'énoncé aristotélicien : « Le temps, c'est le nombre du mouvement » (du mouvement dans l'espace bien entendu). Espace et temps sont intrinsèquement liés depuis toujours ; et de fait, dans la théorie classique de l'espace-temps, celle de Galilée et de Newton,

C'est un intéressant paradoxe historique qu'Einstein ait reçu le prix Nobel de physique en 1922, non pour sa théorie de la relativité, mais pour sa contribution à la théorie quantique.

le temps peut se transformer en espace – pour le dire un peu sommairement. Explicitons cette idée en prenant un exemple concret : si vous êtes sur un quai de gare, et montez dans un train immobile, puis attendez cinq minutes sans bouger, du temps s'est écoulé mais votre position dans l'espace n'a pas changé. Par contre, si vous sautez dans un train en mouvement et attendez cinq minutes (toujours sans vous déplacer dans le train), vous n'êtes plus au même endroit : le temps écoulé, en raison du mouvement du train, s'est transformé en déplacement spatial. C'est donc une constatation fort banale que la spatialité puisse être affectée par la temporalité. Ce qui est novateur dans la théorie proprement einsteinienne, c'est la réciproque, le fait que la temporalité soit affectée par la spatialité.

En vérité, le premier à concevoir la notion de relativité de façon absolument explicite, c'est Galilée. On trouve dans son fameux *Dialogue sur les deux grands systèmes du monde* un énoncé qui, au regard des textes scientifiques modernes, est assez pittoresque – mais non moins profond pour autant :

> « Enfermez-vous avec un ami dans la plus grande cabine sous le pont d'un grand navire et prenez avec vous des mouches, des papillons et d'autres petites bêtes qui volent ; munissez-vous aussi d'un grand récipient rempli d'eau avec de petits poissons ; accrochez aussi un petit seau dont l'eau coule goutte à goutte dans un autre vase à col étroit placé en dessous. Quand le navire est immobile, observez soigneusement comme les petites bêtes qui volent vont à la même vitesse dans toutes les directions de la cabine, comme on voit les poissons nager indifféremment de tous les côtés, et les gouttes qui tombent entrer toutes dans le vase placé dessous [...]. Quand vous aurez soigneusement observé cela [...], faites aller le navire à la vitesse que vous voulez ; pourvu que le mouvement soit uniforme, sans balancement dans un sens ou dans l'autre, vous ne remarquerez pas le moindre changement dans tous les effets qu'on vient d'indiquer ; aucun ne vous permettra de vous rendre compte si le navire est en marche ou immobile : [...] les gouttelettes tomberont comme auparavant dans le vase du dessous sans tomber du côté de la poupe, et pourtant, pendant que la gouttelette est en l'air, le

navire avance de plusieurs palmes ; les poissons dans leur eau ne se fatigueront pas plus pour nager vers l'avant que vers l'arrière de leur récipient [...] ; enfin, les papillons et les mouches continueront à voler indifférents dans toutes les directions, jamais vous ne les verrez se réfugier vers la paroi du côté de la poupe comme s'ils étaient fatigués de suivre la course rapide du navire [...]. Si tous ces effets se correspondent, cela vient de ce que le mouvement du navire est commun à tout ce qu'il contient. »

Autrement dit, un mouvement uniforme (linéaire et à vitesse constante), n'est pas discernable de l'intérieur du mobile qui se déplace. Il n'y a pas de différence de nature entre mouvement uniforme et repos. C'est là véritablement l'acte de naissance du principe de relativité.

> « Le mouvement, là où il est commun, est comme s'il n'était pas. »
> Galilée, *Dialogue sur les deux grands systèmes du monde.*

Cette idée va à l'encontre de la plupart de nos expériences habituelles du monde. Considérons ainsi le principe d'inertie, qui va de pair avec le principe de relativité ; il affirme qu'un mobile sur lequel n'agit aucune force continue son mouvement à vitesse constante sans être freiné. Or cette assertion est évidemment contraire à notre intuition immédiate : si je donne une légère poussée à cette bouteille sur la table devant moi, elle glisse un peu puis s'arrête. Mais c'est le frottement sur la table qui l'arrête : s'il n'y avait pas de friction, elle continuerait à glisser à vitesse constante. Or, dans la vie quotidienne, les frottements sont omniprésents, et seul un effort de pensée considérable peut amener à les écarter. Ne peuvent conduire à une véritable théorie physique, s'éloignant des conceptions empiriques communes, que des aspects assez subtils des notions d'espace et de temps. Ce mouvement d'abstraction date de la révolution galiléenne, au début du XVII^e siècle. Certes, le mot “relativité” lui-même n'apparaîtra qu'assez tardivement, à la fin du XIX^e siècle ; il n'en reste pas moins que le génie d'Einstein consiste non en l'invention de *la* théorie de la relativité, mais en la fondation d'*une* nouvelle théorie de la relativité, réformant celle de Galilée. Il faut donc s'efforcer de toujours préciser “relativité galiléenne” ou “relativité einsteinienne”, et de ne pas identifier la théorie einsteinienne au principe général de relativité, qui lui est bien antérieur. D'ailleurs, un certain nombre de difficultés conceptuelles et de pseudo-paradoxes associés à la relativité einsteinienne ne sont en fait que l'écho de difficultés déjà présentes dans la relativité galiléenne, mais qui n'ont pas été complètement maîtrisées et subsistent au XXIe siècle comme des kystes non résorbés dans la pensée physique.

La structure de l'espace-temps décrite par la théorie de la relativité einsteinienne n'a pas été affectée par l'avènement de la théorie quantique. Voir **Question II.1**.

## Masse et énergie en théorie classique

Après ce préambule, voyons comment les nouvelles notions d'espace et de temps vont influer sur la conceptualisation de la matière.

Mais rappelons d'abord quelles sont les notions essentielles de la physique classique à cet égard. La première grandeur qui caractérise la matière, fondamentale pour la physique classique, est la *masse*. Pour Newton, la notion de masse possède une double signification, et cette dualité est essentielle pour ce qui va suivre. La masse, c'est d'abord la *quantité de matière*. Nous avons l'idée intuitive que plus un objet, mettons de volume donné, est massif, plus il contient de matière. La notion de masse va quantifier cette idée. Elle se traduit par un nombre qui mesure la quantité de matière présente dans un objet. Mais deuxièmement, et c'est là que Newton fait un immense pas en avant par rapport à ses prédécesseurs, comme Galilée par exemple, la masse va intervenir pour expliciter la notion d'inertie. Le principe d'inertie, qui était encore assez informel chez Galilée, un peu plus explicite chez Descartes, devient tout à fait clair avec Huygens dans la seconde moitié du XVIIe siècle, et va offrir une deuxième caractérisation de la masse, comme *coefficient d'inertie*. Considérons la fameuse équation de Newton, $F = ma$ : une force $F$ agissant sur un corps de masse $m$ lui communique une accélération $a = F/m$. Autrement dit, plus la masse d'un objet est grande, plus, pour une force donnée, son accélération est faible. Ou encore, plus un objet a de masse, plus il est difficile de modifier son état de mouvement, plus il présente d'inertie. Ainsi la masse mesure l'inertie de l'objet, c'est-à-dire sa capacité à résister à la transformation de son état de mouvement. Or c'est la même grandeur qui caractérise la quantité de matière et le coefficient d'inertie ; autrement dit, la quantité de matière mesure effectivement l'inertie du corps. Voilà le grand apport de Newton. Ajoutons que, dans cette conception, la masse d'un système isolé, c'est-à-dire qui n'interagit pas avec l'extérieur, mais dont les différentes parties peuvent interagir entre elles, cette masse est constante. Si l'on a une boîte noire parfaitement étanche et opaque ayant une masse d'un kilogramme, il peut se passer ce que l'on veut dans la boîte, des chocs mécaniques, des réactions chimiques, des étincelles électriques, la masse de la boîte restera constante, même si les objets à l'intérieur sont transformés. Ainsi, la masse classique obéit-elle à une “loi de conservation”, elle reste constante au cours de toutes les transformations internes que peut subir le système (supposé isolé, bien entendu).

Deuxième grandeur fondamentale : l'*énergie*. Cette grandeur ne va pas émerger avant la moitié du XIXe siècle, car c'est une notion beaucoup plus abstraite que la masse (dont on a, par l'intermédiaire du poids, une certaine intuition). Elle est devenue familière dans la mesure où elle s'est socialisée : désormais, l'énergie est un bien, que l'on achète et que l'on vend. Vous recevez une facture en euros dont le montant correspond à celui des kilowattheures pour l'énergie que vous utilisez, que ce soit sous forme d'électricité ou de gaz d'ailleurs. Elle vous sert à agir sur le monde : faire cuire des aliments, chauffer votre logement, faire avancer votre voiture. La grandeur énergie a pour fonction de fournir un équivalent universel à la capacité de provoquer des phénomènes, de modifier l'état des systèmes physiques. L'idée d'énergie concerne ainsi des phénomènes physiques extrêmement variés – tous, à la vérité. Sa signification – et sa raison d'être – est de mettre en évidence qu'au travers des diverses transformations que peut subir un système physique (isolé) se maintient une certaine permanence : la valeur de l'énergie totale reste constante ; l'énergie obéit à une loi de conservation. Mais – en théorie classique – cette loi de conservation a un aspect dynamique plus profond que la loi de conservation de la masse, puisqu'elle régit le jeu des forces agissant dans un système physique, tout en étant plus abstraite puisqu'elle ne traduit pas la permanence d'une substance concrète. Qu'il y ait transformation d'électricité en lumière, par exemple dans une ampoule électrique, ou transformation d'électricité en chaleur, dans un radiateur, ou transformation d'énergie chimique en électricité, dans une batterie, etc., au travers de toutes ces transformations qui modifient la nature même des corps en jeu, il y a quand même "quelque chose" qui reste constant – l'énergie totale.

Il faut cependant distinguer deux aspects de la notion d'énergie. Tout d'abord, l'*énergie interne* d'un corps. Tout système est caractérisé par une certaine énergie propre, qui mesure sa capacité intrinsèque à provoquer des transformations de son environnement (réactions chimiques, mouvements mécaniques, etc.). Ensuite, l'*énergie cinétique*, ou énergie de mouvement ; c'est une autre forme d'énergie, extrinsèque : c'est l'énergie que l'on confère au corps en le mettant en mouvement. Cette bouteille, immobile devant moi, a une certaine énergie interne, dont une partie par exemple réside dans les bulles de gaz sous pression ou dans le sucre en solution, susceptibles de provoquer certains phénomènes mécaniques ou chimiques. Mais si je lance cette bouteille, elle pourra produire, en heurtant un autre corps, des phénomènes nouveaux ; c'est donc que je lui ai donné une énergie supplémentaire, une énergie due au mouvement, et qui dépend de sa vitesse. Ainsi, l'énergie totale d'un corps est la somme de son énergie interne et de son énergie cinétique. L'énergie cinétique dépend de son état de mouvement (elle est évidemment d'autant plus grande que la vitesse est grande), et peut être modifiée ; l'énergie interne ne dépend que de la structure interne du corps, elle lui est propre.

Enfin, dernier point, pour en finir avec les idées classiques, l'énergie interne présente une particularité, c'est que seules comptent ses variations. Il n'y a pas, en théorie classique, de zéro absolu d'énergie, d'origine privilégiée à partir duquel la compter. Si un système a dégagé de l'énergie à l'extérieur, je peux affirmer que son énergie interne a diminué, et mesurer cette perte ; mais je ne saurais donner la valeur absolue de son énergie interne. La physique a connu une situation tout à fait semblable avec la notion de température. Dans la théorie primitive de la chaleur, les thermomètres qui mesurent la température sont gradués à partir d'origines totalement arbitraires. Prendre pour zéro la température de la glace fondante est une convention commode, mais c'est une convention, qui définit l'échelle Celsius ; l'échelle Fahrenheit choisit un zéro différent et l'on pourrait en choisir (et historiquement on en a choisi) bien d'autres. Ainsi, dire « la température aujourd'hui est de 20 °C », veut en fait dire « la température aujourd'hui est de vingt degrés supérieure à celle de la glace liquide », et l'on ne peut fixer une température absolue. C'est le cas tout au moins jusqu'au XIXe siècle, où les physiciens s'aperçoivent qu'il existe effectivement un zéro absolu. Nous allons voir qu'une situation similaire se manifeste pour l'énergie.

## Masse et énergie einsteiniennes

Comment donc la théorie de la relativité einsteinienne va-t-elle modifier ces notions de masse et d'énergie ? Et d'abord, pourquoi devrait-elle les modifier ? Quel rapport entre l'espace-temps et la masse ou l'énergie ? Le plus simple est de se rappeler que nous avons introduit la notion d'énergie cinétique, qui dépend de la vitesse. Or, en physique einsteinienne, la notion de vitesse est modifiée. Désormais, la vitesse d'un corps matériel est bornée. Elle ne peut pas dépasser une certaine vitesse-limite (la vitesse dite “de la lumière”, 300 000 km/s environ).

Mais si la notion de vitesse se transforme, cela rejaillit forcément sur la notion d'énergie cinétique ; en particulier le fait que la vitesse d'un corps soit bornée par une limite supérieure implique que son énergie cinétique doit croître indéfiniment quand le corps approche de cette vitesse-limite. La situation sinon serait paradoxale. Supposez en effet que l'on communique au corps de plus en plus d'énergie; pourquoi, en l'accélérant toujours, ne puis-je pas arriver à lui communiquer une vitesse supérieure à la limite supposée ? Seule réponse possible: parce que, à cette vitesse-limite, l'énergie cinétique devient infinie. Autrement dit, plus le corps gagne de l'énergie, plus sa vitesse se rapproche de la vitesse-limite, mais sans jamais pouvoir la dépasser. De la même façon, et pour les mêmes raisons, l'idée de vitesse-limite, cette spécificité de l'espace-temps einsteinien par rapport à l'espace-temps newtonien, implique également une modification de la notion d'inertie: l'inertie devient une grandeur qui dépend de la vitesse. En effet, la raison physique pour laquelle la vitesse d'un corps ne peut dépasser la vitesse-limite, est que son inertie augmente avec sa vitesse – et croît indéfiniment à l'approche de la vitesse-limite. Plus le corps va vite, plus il est inerte, plus il est difficile de modifier sa vitesse, tant et si bien qu'un même accroissement d'énergie lui communiquera des incréments de vitesse de plus en plus petits. Cela coûte de plus en plus cher en énergie, et donc aussi en euros ou en dollars, d'accélérer un corps, et ce coût énergétique et économique tend vers l'infini au fur et à mesure qu'on se rapproche de la vitesse-limite – que l'on n'atteindra donc jamais parce que cela exigerait une quantité infinie de kilowatts-heure et d'euros. Alors que dans la théorie classique pré-einsteinienne l'inertie est une constante, et peut être identifiée à la quantité de matière, à la masse, elle devient en physique einsteinienne une grandeur qui varie avec la vitesse.

> L'idée même de vitesse-limite soulève de nombreuses et intéressantes interrogations. Voir **Question II.2.**

> À l'échelle humaine, les coûts énergétiques de déplacements à des vitesses proches de la vitesse-limite sont prohibitifs. Voir **Question II.3**.

Pour nous résumer, un petit tableau peut être utile (**tab. II.1**). Nous avons introduit trois grandeurs: la masse, l'inertie et l'énergie (avec son double contenu d'énergie interne et d'énergie cinétique). La théorie galiléenne identifie masse et inertie. La théorie einsteinienne brise cette identification, puisqu'elle rend l'inertie dépendante de la vitesse, mais sous une forme très

| | | | | | |
|---|---|---|---|---|---|
| ***Théorie galiléenne*** | Masse | = | Inertie | | Énergie |
| ***Théorie einsteinienne*** | Masse | | Inertie | = | Énergie |

TABLEAU II.1
**Masse, inertie, énergie**

particulière : l'inertie d'un corps désormais doit être identifiée à son énergie totale ; de fait, ces deux grandeurs, nous l'avons vu, doivent croître indéfiniment lorsque la vitesse tend vers la vitesse-limite. Mais considérons alors cette identification entre inertie et énergie pour un corps immobile. Son énergie cinétique est nulle, et sa seule énergie est l'énergie interne. Quant à son inertie, puisque pour de faibles vitesses, nous devons bien retrouver la théorie classique, elle se ramène à sa masse. Ainsi donc, l'énergie interne $E_0$ d'un corps n'est autre que sa masse $m$ ! Encore faut-il tenir compte que les unités usuelles de masse et d'énergie ne sont pas les mêmes, et introduire le coefficient de conversion entre ces unités, qui est donné par le carré de la vitesse-limite, $c^2$. Nous venons ainsi d'aboutir à la si fameuse équation d'Einstein, $E_0 = mc^2$ ! On y voit que l'énergie interne est maintenant dotée d'une valeur absolue, d'une origine non arbitraire, correspondant à la nullité de la masse.

Ce qu'il faut bien comprendre, c'est que, en passant du cadre galiléo-newtonien au cadre einsteinien, les notions physiques fondamentales subissent une profonde mutation. Nous gardons les mêmes mots : masse, énergie, inertie, mais ils changent de contenu. Ils ont maintenant des acceptions nouvelles. Les relations qu'ils entretiennent ne sont plus les mêmes, comme le montre notre tableau. De fait, une théorie physique ne se limite pas à une simple liste de notions, c'est une structure qui articule fonctionnellement ses grandeurs les unes aux autres. C'est en ce

Mais, puisque la notion d'énergie change ainsi de signification, ne faudrait-il pas aller jusqu'à remettre en cause l'idée même de sa conservation ? Voir **Question II.4**.

sens qu'il existe une différence profonde entre la théorie galiléenne et la théorie einsteinienne.

Mais si les rapports qu'entretiennent masse, inertie, énergie, ont changé, pourquoi garde-t-on les mêmes mots puisque ce ne sont plus vraiment les mêmes notions ? C'est une bonne question, qui se pose de façon permanente, ou plus exactement qui *devrait* se poser de façon permanente : quand une théorie physique se transforme en profondeur, faut-il ou non modifier son vocabulaire ? En faveur de la modification, le fait que l'on a une autre structure théorique, et donc des notions différentes. En défaveur du changement de vocabulaire, le fait que les deux structures doivent avoir quand même quelque chose à voir l'une avec l'autre ! Il faut bien qu'existe un rapport entre la théorie einsteinienne et la théorie galiléenne, sinon on ne comprendrait pas pourquoi pendant trois siècles on a pu faire confiance à la théorie classique, pour découvrir tout d'un coup son inadéquation. De fait, pour des corps qui se déplacent lentement, comme on en avait l'expérience, jusqu'à la fin du XIXe siècle, une charrette, un bateau ou un train, même une balle de fusil (et même une fusée aujourd'hui), les vitesses sont tellement petites devant la vitesse-limite que son influence n'est pas sensible. Tout se passe alors comme si la vitesse-limite était véritablement infinie. La structure galiléenne de l'espace-temps constitue ainsi une très bonne approximation de sa structure einsteinienne pour des vitesses faibles devant la vitesse de la lumière. En particulier, la notion einsteinienne de masse doit avoir un certain rapport avec la notion galiléenne de masse ; c'est bien pourquoi, à tort ou à raison, on a gardé le même terme. De la même façon, lorsqu'on est passé d'une conception de la Terre plate à une conception de la Terre sphérique, on a conservé le mot Terre, bien que son contenu soit complètement différent. Il y a d'autres domaines dans lesquels on a préféré changer de vocabulaire lors d'une mutation théorique ; en tout cas, c'est toujours une question qui, pour le moins, mérite discussion, même quand l'histoire est passée par là et a tranché.

Pour illustrer ce point, il faut bien dire qu'il n'est pas extrêmement courant d'introduire explicitement la notion d'inertie, comme je l'ai fait, afin d'expliquer les relations entre la notion de masse et la notion d'énergie. Historiquement en tout cas, cela ne s'est pas passé ainsi. On a longtemps conservé au mot "masse" ses deux acceptions, à la fois quantité de matière et coefficient d'inertie, d'où un embarras considérable pour énoncer l'idée que l'inertie croît avec la vitesse. On trouve encore dans trop de livres ou d'articles de vulgarisation l'assertion que «en relativité einsteinienne la masse augmente avec la vitesse» (?). Mais c'est une façon de s'exprimer qui n'est guère satisfaisante parce qu'elle confond les deux rôles de la masse, comme quantité de matière et comme coefficient d'inertie. Il est bien préférable, et c'est la tendance moderne même si elle n'est pas toujours explicite, de les distinguer.

## Des objets de masse nulle ?

Envisageons maintenant les conséquences spécifiques de la théorie einsteinienne sur notre compréhension de la matière, et en particulier des particules fondamentales qui la constituent, tels les électrons, les photons, les nucléons (protons et neutrons), etc. Une première conséquence, et peut-être l'une des plus surprenantes, c'est qu'outre les objets dont nous avons l'habitude, des objets qui ont une certaine masse, que l'on peut immobiliser, dont la vitesse varie selon l'énergie cinétique qui leur est conférée, il existe, ou tout au moins il *peut* exister, d'après la théorie einsteinienne, une autre catégorie d'objets, tout à fait différents : des objets de *masse nulle*. Cette idée semble dans un premier temps tout à fait paradoxale : comment un objet de masse nulle peut-il être un objet ? C'est d'abord que d'avoir une masse nulle ne l'empêche pas d'avoir de l'énergie, et donc de pouvoir échanger de l'énergie avec d'autres objets et d'exercer ainsi une influence physique effective. Cette énergie est pour le coup uniquement cinétique, puisque, dépourvu de masse, l'objet est également dépourvu d'énergie interne. La caractéristique la plus extraordinaire d'un tel objet est de ne pouvoir connaître le repos. En effet, s'il était immobile, ayant une masse nulle, son inertie serait également nulle et il pourrait être accéléré immédiatement jusqu'à la vitesse-limite. Ce paradoxe disparaît si l'on admet que de tels objets se déplacent toujours à la vitesse-limite. Ils ne peuvent être ni accélérés, ni ralentis. Leur énergie (cinétique), variable quant à elle, est sans effet sur leur vitesse. Apparaissent ainsi des objets proprement impensables dans le cadre galiléen où il n'y a pas de vitesse-limite finie. Mais si la théorie permet l'existence de tels objets, en existe-t-il vraiment ? Un type d'objet peut très bien avoir une existence théorique potentielle et la nature ne pas en faire usage. La nature n'est pas obligée de se couler dans le moule de tous les concepts que nous élaborons pour la comprendre. Il semble bien pourtant que les "grains" de lumière, les quantons du champ électromagnétique, qu'on nomme photons, ont une masse nulle. De fait, c'est bien la raison pour laquelle la lumière se déplace toujours à la vitesse-limite. Des photons d'énergies différentes ne diffèrent pas par leurs vitesses ! Un photon de grande énergie sera plus pénétrant, correspondra à un rayonnement de grande fréquence, ultraviolets, rayons X ou gamma ; un photon de faible énergie correspondra à un rayonnement de basse fréquence, infrarouge ou ondes radio – mais leur vitesse sera toujours la même. Il y a là une modification extrêmement profonde de l'idée que nous nous faisons des constituants de la matière, des objets fondamentaux.

La notion de particules de masse nulle, surprenante, difficile à accepter au début, nous est imposée par la théorie einsteinienne, il n'y a pas moyen d'y échapper. Mais les photons ont-ils vraiment une masse nulle ? Il a semblé longtemps que c'était également le cas d'autres particules, les neutrinos. Les neutrinos sont des particules fondamentales très évanescentes, interagissant très peu avec la matière : le temps de prononcer cette dernière phrase, il doit y avoir quelque dix milliards de neutrinos cosmiques qui ont traversé l'ongle de mon petit doigt et d'ailleurs aussi toute la Terre. On pense maintenant, c'est une découverte assez récente, que les neutrinos ont une masse non-nulle mais seulement très petite. Il se pourrait donc que la masse du photon ne soit pas vraiment nulle, mais infime. Bien qu'actuellement en deçà de nos moyens de mesure, c'est une possibilité. Il vaut la peine de la commenter, car elle soulève un (pseudo)paradoxe intéressant.

En effet, si le photon a une masse non-nulle, il bascule dans le camp des particules usuelles, massives, de vitesse variable, que l'on peut donc freiner et même arrêter. Cela voudrait dire que la lumière ne va plus à la “vitesse de la lumière”, ou plutôt que la “vitesse de la lumière” n'est plus un invariant… C'est bien pourquoi j'ai utilisé le terme préférable de “vitesse-limite”. Il faut, du point de vue moderne, distinguer soigneusement entre la notion générale et abstraite de vitesse-limite (qu'aucun objet matériel ne peut dépasser mais peut éventuellement – j'allais dire atteindre, mais atteindre n'est justement pas le bon mot –, peut éventuellement posséder s'il a une masse nulle), et la vitesse concrète de la lumière. La vitesse de la lumière est *peut-être* égale à la vitesse-limite, *si* les photons ont une masse nulle. Mais c'est une question que l'expérience ne pourra jamais trancher absolument puisque, après tout, le physicien ne peut que donner des limites, provisoires, aux grandeurs qu'il mesure. En toute rigueur, on ne peut donc qu'affirmer : la masse du photon est inférieure à…

Ainsi les objets de masse nulle sont-ils source de bien des interrogations intéressantes et peut-être nous réservent-ils encore des surprises. Ajoutons encore une remarque sur les (éventuels) gravitons. Si la théorie einsteinienne de la gravitation (malencontreusement dite “relativité générale”) est susceptible d'une articulation cohérente avec la théorie quantique, ce qui est une question ouverte à l'heure actuelle, il y aura pour la force de gravitation un quanton médiateur qui la transporte, comme le photon transporte la lumière, c'est le graviton. Il semble difficile de concevoir que ce graviton soit autre chose qu'un quanton de masse nulle, comme le photon.

On peut pourtant “ralentir” la lumière. Voir **Question II.5.**

Une dernière remarque sur ce point, plus épistémologique : une des difficultés à penser ces objets provient de la confusion spontanée courante entre l'expression “de masse nulle” et l'expression “sans masse”. Le

Mais, si le photon a une masse nulle, comment peut-il être soumis à la gravitation, ce que semble impliquer la déviation des rayons lumineux au voisinage d'une masse stellaire ? Voir **Question II.6**.

physicien n'emploiera jamais la seconde. Pour lui, tout objet a une masse, mais la valeur de celle-ci peut être nulle. Nulle sophistique ici : il s'agit d'abord d'affirmer que le concept de masse est pertinent pour tous les objets, ensuite seulement de s'interroger sur la valeur numérique de cette grandeur. Le cas où cette valeur est nulle n'est qu'un cas-limite, assurément singulier, du cas général. Seule cette conception permet d'ailleurs d'envisager la situation où la nullité de la masse ne serait qu'une apparence approximative due aux limites de nos instruments de mesure.

## Lois de conservation et processus de transformation

Une seconde conséquence, plus générale, de la théorie einsteinienne sur nos conceptions de la matière a trait aux grandes lois de conservation. En théorie galiléenne, la masse était une grandeur conservée, mais ce n'est plus le cas maintenant ! C'est que la masse s'identifie à l'énergie interne, qui ne peut pas obéir à une loi de conservation. En effet, de par sa nature même, l'énergie interne peut se transformer en énergie cinétique. Considérons un corps explosif – pardon pour le caractère belliqueux de l'exemple ! Quand une bombe éclate, ses fragments se dispersent avec certaines vitesses ; c'est donc qu'une fraction de l'énergie interne initiale de la bombe (stockée sous forme chimique, ou nucléaire) est transformée en énergie cinétique donnée aux fragments. Il y a transformation d'énergie interne en énergie cinétique (l'énergie totale restant la même). Mais s'il n'y a pas conservation de l'énergie interne, qui s'identifie à la masse (au coefficient $c^2$ près), c'est que la masse n'est plus conservée et peut changer au cours des processus physiques. Il nous faut donc accepter l'idée que la masse d'un système physique n'est plus constante et peut varier au cours de ses transformations. Plus un corps possède d'énergie interne, plus il a de masse. Ainsi, cette montre, si je la remonte – c'est une montre à l'ancienne, une vraie montre avec des aiguilles et un ressort –, je lui donne de l'énergie mécanique. Cette énergie mécanique augmente l'énergie interne de la montre, qui acquiert ainsi une masse supplémentaire – et donc, dans le contexte de la gravitation terrestre, un poids supérieur: ma montre est plus lourde quand elle est remontée que quand son ressort est détendu ! Bien entendu, pour des objets de la vie courante, cet accroissement de masse est minime et imperceptible. Vous aurez beau prendre les balances les plus perfectionnées, vous ne percevrez pas de différence de poids et donc de masse entre la montre avant et après avoir été remontée.

Mais, pour des phénomènes qui mettent en jeu des vitesses élevées, comparables à la vitesse-limite, ces différences deviennent perceptibles et importantes. Cet effet a une conséquence des plus intéressantes: non seulement la masse des objets n'est plus conservée, mais du coup leur nombre non plus ! Il y a là une situation très nouvelle, qui rend les phénomènes du monde des particules fondamentales plus complexes et d'une autre nature que les phénomènes chimiques. Une réaction chimique est un simple réarrangement d'atomes, lors duquel les atomes se réorganisent et passent d'une molécule à une autre. Lorsque l'on brûle de l'hydrogène dans de l'oxygène, les atomes des molécules $H_2$ et $O_2$ se combinent et donnent des molécules $H_2O$ ; mais les atomes individuels restent les mêmes. Le nombre d'atomes d'hydrogène et d'oxygène reste inchangé. C'est d'ailleurs sous cette contrainte que l'on peut écrire les équations qui décrivent les réactions chimiques, en équilibrant soigneusement les nombres d'atomes de façon qu'il y en ait de part et d'autre exactement autant; par exemple, $2H_2 + O_2 \rightarrow 2H_20$. Et c'est là ce qu'exprime la maxime lavoisienne de la conservation de la masse: « Rien ne se perd, rien ne se crée » – on a les mêmes atomes avant et après la réaction. Par contre, dans le monde einsteinien, où la masse n'est pas constante, il peut du coup apparaître de nouveaux objets au cours d'une réaction, et c'est même un des aspects les plus intéressants de la physique des particules. Par exemple, si, au moyen d'un accélérateur de particules, l'on envoie des protons sur d'autres protons, ils peuvent certes subir une collision banale, un simple rebond: $p + p \rightarrow p + p$ ; mais, si le proton mobile est initialement assez rapide, une fraction de son énergie cinétique peut se transformer en énergie de masse, de sorte que l'on verra apparaître d'autres particules, par exemple des mésons $\pi$: $p + p \rightarrow p + p + \pi^+ + \pi^-$. Lors de telles réactions entre particules fondamentales apparaissent des objets qui ne préexistent pas : la transformation d'énergie cinétique en énergie de masse crée des corps nouveaux. Le monde einsteinien des particules élémentaires est beaucoup plus riche, beaucoup plus complexe, que le monde galiléen des objets quotidiens, que le monde de la mécanique ou de la chimie, qui ne connaît que des recombinaisons d'objets permanents. Bien entendu, cette possibilité d'apparition d'objets nouveaux a pour répondant la possibilité de leur disparition. Dans une réaction entre particules fondamentales, on peut donc en voir certaines, initialement présentes, disparaître carrément et d'autres, toutes différentes, apparaître. Ainsi, un photon peut être absorbé par un proton pour faire apparaître un méson : $\gamma + p \rightarrow p + \pi^0$.

Explicitons les ordres de grandeur des transformations réciproques entre masse et énergie, afin de mieux comprendre pourquoi la différence entre théorie galiléenne et théorie einsteinienne ne se manifeste guère dans la vie courante – par exemple pour une montre. Si je remonte ma montre, je mets ses rouages en mouvement ; soit $v$ une vitesse caractéristique de ces rouages, et $m$ leur masse totale, du même ordre que celle de la montre elle-même. En mécanique classique, l'énergie cinétique d'un corps de masse $m$ et de vitesse $v$ vaut $mv^2/2$, expression qui date du début du XIXe siècle, et qui reste approximativement valable en théorie einsteinienne pour des vitesses faibles (devant la vitesse-limite). Mais cette énergie cinétique communiquée aux parties intérieures de la montre se manifeste à l'extérieur comme un accroissement de son énergie interne – et donc, d'après la mécanique einsteinienne, de sa masse, qui passe de $m$ à $m + \Delta m$. L'accroissement d'énergie interne $\Delta mc^2$ est égal à l'énergie cinétique communiquée aux rouages, soit, en oubliant le facteur 1/2 qui ne change pas les ordres de grandeur, $\Delta mc^2 \approx mv^2$, ou encore $\Delta m/m \approx (v/c)^2$. Ainsi, l'accroissement relatif de masse est-il égal au carré du rapport à la vitesse-limite de la vitesse caractéristique du phénomène considéré. Une valeur

La loi de conservation de l'énergie n'est pas seule à régir les transformations de la matière. Voir **Question II.7**.

numérique typique de la vitesse, pour des objets ayant des tailles de l'ordre du centimètre en mouvement avec une période temporelle de l'ordre de la seconde (évidemment, puisqu'il s'agit d'une montre !), est donc $v = 1$ cm/s $= 10^{-2}$ m/s. Puisque la vitesse-limite vaut $c = 3.10^{8}$ m/s, on a $v/c = 3.10^{-11}$, et $(v/c)^{2} = 10^{-21}$, soit un millième de milliardième de milliardième. C'est la proportion dans laquelle est modifiée la masse de la montre lorsqu'on la remonte. Inutile de dire qu'aucune balance n'atteint, et de loin, une telle précision (on atteint, au mieux, le milliardième), et que, à toutes fins utiles, on peut donc considérer la masse de la montre comme une constante. Voilà qui explique pourquoi les horlogers n'ont pas besoin de recourir à la relativité einsteinienne. Et si l'on considère des phénomènes techniques mettant en jeu des vitesses beaucoup plus grandes, par exemple les trains ou même les fusées, leurs vitesses restent très faibles devant la vitesse-limite ; par exemple, un lanceur de satellites ou de sondes spatiales doit avoir une vitesse de l'ordre de $v = 10$ km/s $= 10^{4}$ m/s. Le coefficient $(v/c)^{2}$ devient alors voisin de $10^{-9}$, de l'ordre donc du milliardième. C'est beaucoup plus que pour la montre, mais encore très petit. Ni la SNCF ni même la NASA n'ont besoin de la relativité einsteinienne.

Ce qui est vrai pour les phénomènes mécaniques, le reste pour les phénomènes chimiques ; c'est d'ailleurs évident, puisque l'énergie mécanique résulte souvent d'une conversion d'énergie chimique – c'est le cas de la propulsion des fusées. Ainsi, la chimie ordinaire n'a pas non plus besoin de la relativité einsteinienne. Les réactions chimiques, ces simples réarrangements d'atomes, se font dans un espace-temps décrit avec une excellente approximation par la physique classique, pré-einsteinienne. Mais la situation commence à devenir différente avec les phénomènes nucléaires. Le coefficient $(v/c)^{2}$, qui donne, rappelons-le, l'ordre de grandeur de la modification einsteinienne de la masse, devient ici de l'ordre de $10^{-3}$, c'est-à-dire de un pour mille, largement au-dessus de la précision des mesures en physique nucléaire. L'effet devient donc perceptible. De fait, dans une réaction nucléaire, on observe ces différences de masse. Dans la fission de l'uranium, où le noyau d'uranium se brise en deux noyaux (plus quelques neutrons), la masse totale des produits de la réaction est inférieure à la masse initiale du noyau d'uranium. En effet, une fraction de l'énergie interne du noyau d'uranium s'est transformée en énergie cinétique des fragments, comme plus haut dans le cas de la bombe qui explosait. Mais dans le cas d'une bombe (chimique), la perte de masse relative est de l'ordre de $10^{-9}$ et n'est pas mesurable, alors que pour des noyaux qui se désintègrent elle est parfaitement détectable. C'est même une évaluation de la différence de masse entre les noyaux avant et après la fission qui indique si cette réaction est possible ou non. Pour la fusion nucléaire, il en va de même : si deux noyaux de deutérium (l'hydrogène lourd) peuvent fusionner pour donner un noyau d'hélium, c'est que le noyau d'hélium est plus léger que les deux noyaux d'hydrogène lourd. La différence de masse, ou d'énergie interne, se transforme en énergie cinétique des produits de la réaction. C'est en ce sens qu'on a pu dire, mais de façon extrêmement abusive, que, à cause de l'équivalence masse-énergie, Einstein était le père de la bombe atomique. Notons d'ailleurs au passage que l'épithète est absolument inadéquate. Il s'agit en fait de bombes nucléaires. Les bombes atomiques, ce sont les bombes normales – si l'on ose dire... –, les bombes à explosifs chimiques. C'est la chimie qui est atomique, qui régit les réactions entre atomes et molécules. Les bombes A ou H en revanche, utilisant l'énergie nucléaire, mettent en œuvre de façon notable la transformation de masse en énergie, et c'est en ce sens que la physique nucléaire fait usage du fameux $E = mc^2$. Einstein a certainement été très malheureux de se voir considérer, à la fin des années 1940 et au début des années 1950, comme responsable de la bombe “atomique” ! En fait, jusqu'à la fin des années 1930, il était radicalement pacifiste. Il ne s'est résigné à la fabrication de l'armement nucléaire, sans y prendre part lui-même d'ailleurs, que sous la menace, ô combien réelle dans les années 1940, de voir l'Allemagne nazie s'en doter également. Et, après la Seconde Guerre mondiale, il a mené une action permanente et radicale pour le désarmement nucléaire.

## Questions II

**Question II.1** *Quand vous avez présenté la théorie quantique, vous n'avez pas parlé du temps, de l'espace et du vide quantique. Pourquoi ?*

Dans la théorie quantique usuelle, je ne parle pas ici des développements des dernières années, comme les théories des supercordes et autres idées à la mode sur lesquelles je reviendrai plus loin, dans la théorie standard donc, telle qu'elle est née dans les années 1930, et s'est renouvelée dans les années 1940 et 1950 avec ce que l'on appelle la théorie quantique des champs, le cadre spatio-temporel n'est pas altéré. La théorie quantique ne transforme pas la scène du monde, l'espace-temps en tant qu'arène vide dans laquelle se déroulent les phénomènes. Le théâtre reste le même, mais les acteurs sont différents. En théorie quantique, je l'ai évoqué en parlant de la localisation des quantons, les propriétés spatiales des objets ne sont pas les mêmes que celles des particules de type classique. Pour autant, l'espace lui-même, en tant que scène où va se dérouler la pièce, reste inchangé, et il en va de même pour le temps. Autrement dit, il n'y a pas un espace quantique, il n'y a pas un temps quantique; par contre il y a des propriétés spatiales quantiques des objets (nous l'avons vu à propos de leur délocalisation) et éventuellement des propriétés temporelles quantiques des objets. Il faut faire soigneusement la distinction entre ces deux aspects. En ce qui concerne la question du "vide quantique", elle renvoie à des aspects plus profonds dont je dirai peut-être un mot la prochaine fois.

**Question II.2** *Mais cette vitesse-limite, il me semble néanmoins, si j'ai bien compris, que depuis quelques années des physiciens parlent de la franchir. Pouvez-vous nous éclairer sur ce point ?*

J'ai dit, en faisant bien attention à ma formulation, mais c'est probablement passé inaperçu, que la vitesse-limite concernait les objets matériels, le transport de matière. J'aurais pu rajouter les signaux, le transport d'information. Mais l'énoncé usuel et très répandu, selon lequel *rien* ne peut se déplacer plus vite que la lumière, cet énoncé est tout simplement faux. Et je vais vous donner un exemple très simple – il n'est pas besoin de recourir à des expériences modernes sophistiquées pour comprendre et même pour mettre en œuvre des vitesses supraluminiques.

Imaginez un phare, un bon vieux phare, dont le faisceau tourne, mettons, pour fixer les idées, à un tour par seconde. Vous construisez autour de ce phare un mur circulaire sur lequel il projette son faisceau. Comme le faisceau fait un tour par seconde, la tache lumineuse fait le tour du mur en une seconde. Si le mur a, mettons, un kilomètre de rayon, sa circonférence de pierre est de l'ordre de 6 kilomètres, et la tache tourne à 6 km/s. Vous me voyez venir… Si le mur a un rayon de 100 000 kilomètres, il a une circonférence de 600 000 kilomètres, et la tache se déplace sur le mur à 600 000 km/s, deux fois plus vite que la lumière… Vrai ou faux ? Vrai, absolument vrai ! Il y a certes un effet un peu bizarre, puisque, étant donné la vitesse de rotation assez lente du phare et la vitesse rapide de propagation des photons, le faisceau lumineux va être courbé – exactement comme le jet de votre tuyau d'arrosage quand vous faites tourner l'extrémité du tuyau. Ce jet n'est pas un objet rigide, il est constitué des gouttes d'eau successives qui sont parties dans cette direction, puis dans une autre, puis dans une autre encore. D'où cette impression d'un jet qui a une forme spiralée. La même chose vaut pour le phare : s'il portait suffisamment loin, vous verriez la forme spiralée du faisceau. Cette forme spiralée est constante et tourne en bloc, et la tache sur le mur se déplace effectivement à 600 000 km/s. Mais cette tache n'est pas un objet matériel, ce n'est pas une chose, et vous ne pouvez même pas transmettre d'informations par l'intermédiaire de son déplacement. Il n'y a donc strictement aucun paradoxe. J'ai pris un mur circulaire pour que les choses soient claires, qu'on ait le temps de faire un tour, mais vous pouvez prendre un mur droit, un petit bout de mur ; s'il est très loin, vous aurez le même phénomène sur un petit intervalle de temps. Or il existe des objets accessibles assez distants pour que l'expérience soit possible : il y en a un qui est à 400 000 km à peu près, c'est la Lune. Les astronomes font des tirs laser sur la Lune (pour mesurer sa distance avec précision). Si l'on fait tourner le laser, tranquillement, à la main, la tache lumineuse sur la Lune peut se déplacer plus vite que la lumière, il n'y a aucun doute. Vous pouvez avoir le même effet avec un tube cathodique, pas les tubes de télévision standards, certes, mais il existe des tubes cathodiques perfectionnés dans lesquels le déplacement du point lumineux sur l'écran, le spot, peut être plus rapide que la vitesse de la lumière. Des vitesses supraluminiques sont donc parfaitement possibles, et peuvent éventuellement être intéressantes, non pas pour transporter des objets, ni de l'information, mais pour transmettre des corrélations par exemple. Il est de fait qu'on a mis en évidence au laboratoire des phénomènes de ce genre, voire plus sophistiqués. Ils révèlent des aspects assez subtils du comportement de la lumière dans certains milieux, mais n'ont rien de révolutionnaire, et ne touchent nullement aux fondements de la théorie de la relativité. Cela fait parfois dans les journaux de gros titres, en général fort abusifs ; le phénomène est suffisamment intéressant en lui-même pour qu'on ne lui fasse pas dire plus que ce qu'il dit.

*Mais à partir du moment où les signaux vont plus vite que la lumière, il y a des systèmes de référence où un signal arrive en A avant d'arriver en B et d'autres systèmes de référence où il arrive en B avant d'arriver en A. Donc il y a quand même des difficultés avec la notion de causalité, non ?*

Vous avez tout à fait raison d'indiquer que, lors d'un déplacement supraluminique, l'ordre de succession temporelle de deux événements peut être inversé, suivant le référentiel où il est observé. Pourtant, la causalité n'en est pas affectée ! Pour le comprendre, reprenons notre exemple du mur circulaire. Imaginez que vous ayez deux personnages sur ce mur, disons A et B, à une certaine distance l'un de l'autre. Vous imaginez alors de profiter du déplacement supraluminique de la tache pour transmettre une information de l'un à l'autre. Vous demandez à A, lorsqu'il voit passer la tache devant lui, de tirer un coup de revolver en l'air ; et vous donnez la même instruction à B. Ces deux événements : A tire, B tire, sont séparés par un laps de temps plus court que celui qu'aurait mis la lumière pour passer de l'un à l'autre. Un observateur naïf aurait donc l'impression qu'il y a eu transmission d'un signal, matérialisé par le déplacement de la tache lumineuse de A en B. Mais ce n'est pas un signal, et la tache ne transmet pas d'informations. Car, pour transmettre véritablement de l'information de A à B, il faut que A puisse transformer le signal, le moduler. Or, tel n'est pas le cas ici. A ne peut en rien modifier la tache qu'il a vu passer. Tout ce que vous avez créé, c'est une corrélation entre A et B. Effectivement, un observateur extérieur va voir que, chaque fois que A tire, B tire très peu après – trop peu pour qu'un signal lumineux ait pu se propager. Mais cette corrélation ne transporte pas d'effet causal. Il suffit pour le comprendre d'imaginer que le revolver de A s'enraie, B n'en tirera pas moins ! Certes, si un autre observateur se déplace devant la scène à grande vitesse, il pourra y avoir inversion dans l'ordre des temps, et cet observateur verra B tirer avant A, il y aura une corrélation en sens inverse. Mais il ne s'agit pas d'un lien causal. Ainsi la propagation supraluminique est possible, mais elle ne peut transporter ni masse, ni énergie, ni information, tout au plus des corrélations.

*Cela a-t-il à voir avec le problème de l'intrication quantique et de la propagation supraluminique des corrélations quantiques ?*

Pas directement. L'intrication est un aspect absolument spécifique de la théorie quantique. Disons simplement que les considérations ci-dessus montrent que la théorie classique exhibe déjà de surprenantes possibilités de propagation supraluminique, ce qui peut en un certain sens atténuer le choc intellectuel du problème de l'intrication quantique.

**Question II.3** *Vous avez parlé du coût de déplacements à des vitesses proches de celle de la lumière. Pour un vaisseau spatial qui serait accéléré avec une accélération égale à celle de la pesanteur, ce qui serait confortable pour ses passagers, quel serait ce coût, si l'on voulait atteindre une fraction notable de la vitesse de la lumière, de façon à pouvoir mettre en évidence* de visu *le paradoxe des jumeaux de Langevin à l'échelle humaine ?*

Bien que cela n'ait plus grand-chose à voir avec les propriétés fondamentales de la matière, je puis vous répondre. Notez d'abord que ce coût ne dépend guère de l'accélération choisie pour le vaisseau : avec une accélération plus faible, l'énergie nécessaire sera la même mais sera dépensée en plus de temps – c'est la puissance qui sera moindre. Si vous vouliez mettre vraiment en évidence le paradoxe de Langevin sur des durées de vie biologiques, il faudrait que le jumeau resté sur Terre vieillisse visiblement, mettons d'une dizaine d'années, cependant que le jumeau voyageur, lui, ne prendrait pas plus de deux ans, pour que l'effet soit évident. Cela implique d'atteindre environ 98 % de la vitesse de la lumière ! La masse du vaisseau capable d'assurer la survie autonome du voyageur pendant deux ans est au bas mot d'une centaine de tonnes, sans même parler de la masse des systèmes de propulsion – et de freinage au retour –, certainement bien supérieure, mais que je néglige, ce qui est tout à fait irréaliste. En tout cas, on arrive ainsi à une évaluation de l'énergie nécessaire (pour s'en aller jusqu'à la vitesse maximale, faire demi-tour, revenir et s'arrêter) qui est de l'ordre de $10^{24}$ joules. Cela représente environ 2 500 fois la consommation annuelle mondiale d'énergie ! Comme quoi nous ne sommes pas près de voyager à des vitesses pareilles.

*À moins de passer dans l'hyperespace, comme dans* Star Trek *ou* Star Wars *?*

Eh oui, la science-fiction, elle, a réglé le problème. Mais, hélas, la science sans fiction n'a pour l'instant pas découvert cet hyperespace, ni rien qui puisse lui ressembler.

**Question II.4** *Toute théorie, et c'est vrai en physique, a besoin de s'appuyer sur des présupposés qu'on ne discute pas ; j'ai l'impression que la conservation de l'énergie est un dogme de la physique actuelle, à la lumière duquel elle étudie les différents phénomènes. Ne serait-il pas intéressant de le remettre en cause ?*

Il est vrai que la conservation de l'énergie est une hypothèse de base de la physique. Mais ce n'est pas un postulat indépendant. En vérité, cette loi de conservation (comme d'ailleurs celles concernant d'autres grandeurs physiques, à savoir la quantité de mouvement et le moment angulaire) est une conséquence de l'invariance spatio-temporelle, c'est-à-dire de la théorie de la relativité. La mathématicienne Emmy Noether a montré au début du XX^e^ siècle qu'à toute propriété de symétrie était associée une loi de conservation. C'est sans doute l'un des résultats les plus généraux et les plus profonds de la physique théorique, que personne jusqu'ici, malheureusement, n'a réussi à exprimer de façon compréhensible pour les profanes – vous devrez donc me croire sur parole... En l'occurrence, c'est l'invariance par "translation temporelle", c'est-à-dire le fait que les lois de la physique sont indépendantes du choix (arbitraire) du repérage du temps (le passage à l'heure d'été n'affecte pas l'expression de ces lois !), qui implique la conservation de l'énergie. Remettre en cause cette loi de conservation supposerait donc un bouleversement des principes les plus fondamentaux de la physique, que rien pour l'instant ne semble justifier. Mais peut-être y viendrons-nous un jour.

On peut d'ailleurs rappeler que, dans les années 1930, les physiciens qui étudiaient la radioactivité bêta sont tombés sur un problème : il semblait que ce processus violait la loi de conservation de l'énergie. Eh bien, certains des plus grands esprits de l'époque, en particulier Niels Bohr, père fondateur de la théorie quantique, ont proposé de renoncer à cette loi, ou, tout au moins, de ne la considérer comme valable que statistiquement. Après tout, ils n'en étaient pas à une révolution près ! Mais la solution n'est pas venue de là. Au contraire, c'est en réaffirmant la nécessité de la conservation de l'énergie que Pauli a résolu la difficulté : il a postulé l'existence d'une particule jusque-là inconnue, le neutrino, qui emportait l'énergie manquante, ce qui rétablissait l'équilibre du bilan.

**Question II.5** *J'ai lu récemment qu'une expérience de physique a montré que l'on pouvait réduire notablement la vitesse de la lumière. Cela veut-il dire que le photon ne se déplace déjà plus à la vitesse-limite, et doit se voir attribuer une masse ?*

Cette question va me permettre de lever une ambiguïté ou d'éviter une erreur d'interprétation. Quand on parle de la lumière comme se déplaçant à la vitesse-limite, il s'agit de la lumière se propageant *dans le vide*. Quand la lumière se propage dans la matière, dans un matériau transparent, verre ou eau, sa vitesse est plus faible, on le sait depuis le XIX^e siècle ; dans l'eau, par exemple, la lumière a une vitesse égale aux 2/3 de sa vitesse dans le vide. La nouveauté, dans les expériences que vous citez, c'est que l'on arrive à créer des milieux artificiels où la propagation de la lumière est ralentie d'une façon extraordinaire, voire même arrêtée ! Il s'agit de dispositifs complexes que je ne vais pas détailler ici. Insistons donc bien sur le fait que si le photon a une masse nulle, la vitesse de la lumière est égale à la vitesse-limite, mais que cela ne vaut que dans le vide. Mais au fond, comment se fait-il qu'un photon se propage moins vite dans la matière ? En vérité, un photon ne se propage *pas* dans la matière ! La transmission de la lumière à travers un milieu, la transparence de ce milieu, par-delà son apparente banalité, est un phénomène physique extrêmement compliqué. Les photons qui pénètrent dans ce milieu y rencontrent des atomes, sont absorbés par ces atomes et les excitent en leur cédant de l'énergie. Les atomes vont réémettre des photons en rendant ce surplus d'énergie ; ces photons vont faire un tout petit bout de chemin (dans le vide interatomique) avant de rencontrer d'autres atomes, etc. La propagation de la lumière à travers un milieu matériel n'a rien à voir avec la propagation libre d'un photon, c'est un phénomène d'absorption et de réémission successives. Ce que vous voyez à la sortie, ce ne sont nullement les photons de départ, qui ont été absorbés et remplacés par d'autres. On voit à quel point un phénomène physique qui semble, si j'ose dire, transparent, évident, simple – la lumière passe à travers le verre –, est en fait d'une extrême complexité. Pour utiliser un modèle simpliste (et incorrect, les experts me pardonneront) : entre les atomes, les photons vont à leur vitesse habituelle (la vitesse-limite) ; mais entre l'absorption d'un photon par un atome et la réémission d'un autre, un certain délai est nécessaire. Voilà donc pourquoi la vitesse apparente de la lumière dans la matière est inférieure à sa vitesse dans le vide.

Si, dans les matériaux transparents ordinaires (eau, verre), la vitesse de la lumière est inférieure à la vitesse-limite, elle reste cependant très élevée (plus d'une centaine de milliers de kilomètres par seconde en tout état de cause). Mais les physiciens ont récemment réussi à fabriquer des matériaux artificiels fort élaborés dans lesquels – sous des conditions très particulières, de fréquence par exemple – un signal lumineux peut se propager à des vitesses de l'ordre du mètre par seconde ou moins. C'est une prouesse technologique, mais qui ne remet nullement en cause nos théories fondamentales.

L'énergie lumineuse des photons engendrés par les réactions nucléaires au centre du Soleil, transmise de proche en proche (à des photons de moins en moins énergétiques d'ailleurs), met plusieurs millions d'années avant de parvenir à la surface de l'astre et de rayonner dans l'espace. Soit une vitesse moyenne de propagation dans le Soleil de quelques centimètres par heure – celle d'un escargot.

**Question II.6** *Comment expliquer, si les photons n'ont pas de masse, qu'ils puissent être déviés par les forces gravitationnelles, par exemple lorsqu'un rayon lumineux passe au voisinage d'une étoile, ou même retenus par un champ de gravitation assez puissant, comme dans les trous noirs ?*

J'ai expliqué plus haut que l'expression « les photons n'ont pas de masse » est ambiguë et qu'il vaut mieux dire « ont une masse nulle ». Mais, par-delà cette remarque, la question me permet de dire quelques mots sur la théorie de la gravitation telle qu'il faut la modifier pour qu'elle s'accorde avec l'espace-temps einsteinien. C'est Einstein lui-même qui a construit cette théorie appelée “relativité générale”, terme que je ne vais pas commenter ici. Cette théorie, compatible avec l'espace-temps einsteinien, va ainsi prévoir une propagation de la gravitation, non pas instantanée comme dans la théorie newtonienne classique, mais à la vitesse-limite (nous l'avons déjà dit, le graviton a sans doute une masse nulle). La nouvelle théorie va aussi devoir intégrer les modifications des notions de masse et d'énergie. Dans la théorie newtonienne, quelle est la source de la force de gravitation et sur quoi s'exerce-t-elle ? C'est la masse qui est à la fois source et objet du champ de gravitation. La Terre, par sa masse, crée autour d'elle un champ gravitationnel, et ce champ gravitationnel agit sur la masse de la Lune. Mais nous avons vu que les notions newtoniennes de masse, d'énergie, d'inertie, sont chamboulées. Ainsi, dans la théorie einsteinienne, c'est l'énergie qui désormais est à la fois la source et l'objet du champ gravitationnel, l'énergie totale : pas seulement l'énergie de masse, c'est-à-dire l'énergie interne, mais toute l'énergie. Du coup, le photon, qui a une masse propre nulle, mais qui a de l'énergie (purement cinétique), est sujet à la gravitation. Il n'est d'ailleurs pas nécessaire de recourir au point de vue quantique en invoquant les photons. Déjà, dans la conception ondulatoire classique de la lumière, le champ électromagnétique qui la constitue contient de l'énergie, et est donc soumis aux forces de gravitation.

**Question II.7** *Vous avez beaucoup parlé de la conservation de l'énergie, mais pas de la quantité de mouvement. Or, ce qui me paraît intéressant dans la conservation de la quantité de mouvement, c'est que, traitée par la transformation de Galilée, elle débouche sur la conservation de la masse et, traitée par la transformation de Lorentz, elle débouche sur la conservation de l'énergie. On peut ainsi établir une sorte de pont entre la mécanique dite classique et la mécanique relativiste. Trouvez-vous que cette remarque mérite d'être ajoutée à votre exposé ?*

Si je n'ai pas parlé de la quantité de mouvement, c'est par un choix purement didactique, dans la mesure où c'est une notion beaucoup moins commune que la notion d'énergie ; à tort sans doute, elle n'est guère abordée avant le niveau du premier cycle universitaire. Tout le monde a entendu parler de l'énergie, tout le monde n'a pas entendu parler de la quantité de mouvement, c'est donc délibérément que je ne l'ai pas évoquée. Mais merci de m'en donner l'occasion, pour ceux qui sont familiers avec cette notion. Votre énoncé est tout à fait correct, la quantité de mouvement est une grandeur physique à mettre sur le même plan que l'énergie. C'est aussi une grandeur conservée. On peut dire *grosso modo* que le rapport entre la quantité de mouvement d'un côté et l'énergie de l'autre est homologue au rapport entre l'espace d'un côté et le temps de l'autre. Pour reprendre le théorème de Noether précédemment évoqué, la conservation de la quantité de mouvement découle de l'invariance des lois de la physique par rapport au choix du repérage spatial (on peut évaluer les distances à partir d'une origine arbitraire sans affecter l'expression de ces lois). Dans un traitement cohérent et homogène de la mécanique (qu'elle soit galiléenne ou einsteinienne), si l'on traite l'espace et le temps sur le même plan, on traitera aussi du coup la quantité de mouvement et l'énergie sur le même plan. C'est tellement vrai d'ailleurs que ladite quantité de mouvement, et j'en termine là pour ne pas rentrer dans les détails techniques, qui en théorie galiléenne s'écrit $mv$ (le produit de la masse par la vitesse), va garder tout son intérêt et même sa forme en théorie einsteinienne si on la réécrit $Iv$, où $I$ est cette fois-ci l'inertie et non plus la masse. La considération de la quantité de mouvement assure la cohérence du système de façon tout à fait pertinente.

*Mais les lois de conservation mécanique (énergie, quantité de mouvement, moment angulaire) sont-elles seules à régir les transformations de la matière ?*

Non, certes. Ces lois de conservation sont associées aux invariances spatio-temporelles, donc à la théorie de la relativité, et c'est pourquoi j'y ai insisté ici. Mais il existe d'autres lois de conservation, comme celle de la charge électrique (et d'autres types de charges), qui ne sont pas directement liées à l'espace-temps dans lequel ont lieu les phénomènes physiques, mais concernent plutôt des propriétés intrinsèques des objets. Dans la mesure où le théorème de Noether associant conservation et symétrie est toujours valable, on parle ici de “symétries internes”, ne relevant pas de l’espace-temps, dont la nature est plus abstraite et moins géométrique que celle des symétries relativistes.

# III. La matière interactive

La complexité de la matière provient de la capacité d'interaction mutuelle de ses éléments, qui permet la construction de structures toujours plus élaborées. Aussi, après avoir étudié comment les théories physiques modernes (quantique, relativité) modifient notre conception des objets matériels, nous envisageons maintenant leur impact sur les relations entre ces objets.

## Le processus d'interaction

Revenons, pour commencer, sur le processus d'interaction tel que le décrit la théorie classique. Une interaction entre deux particules (des corpuscules newtoniens, s'entend ici) est portée, transmise, par un champ médiateur. Par exemple, une particule électriquement chargée engendre autour d'elle un champ électromagnétique, ce champ se propage de proche en proche et agit sur une autre particule, ce mécanisme étant évidemment réciproque, et permanent. Le schéma suivant (**fig. III.1**), qui résume ce processus, est extrêmement sommaire ; son but est essentiellement de rappeler cette notion fondamentale en physique classique, la dualité des objets : particules et champs, les particules interagissant *via* les champs. D'une part, le champ engendré par une particule dépend de son état de mouvement et, d'autre part, la force exercée sur une particule par le champ dans lequel elle baigne modifie sa trajectoire. En théorie quantique maintenant, aucune des deux notions de particule et de champ

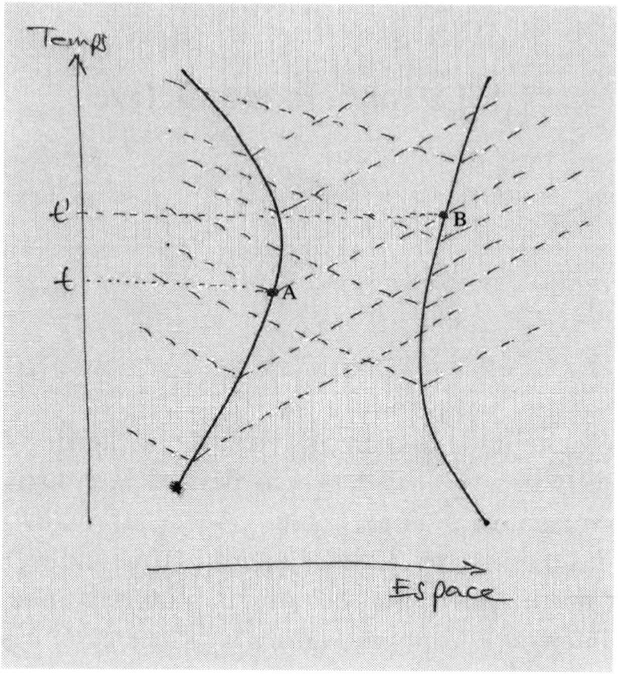


FIGURE III.1

**L'interaction selon la physique classique**

Deux particules interagissent par l'intermédiaire du champ qu'elles engendrent. Dans ce schéma, la direction verticale indique le temps, et la direction horizontale l'espace, réduit ici à une dimension. Les traits pleins représentent les "lignes d'univers" de deux particules classiques A et B, et les tiretés obliques décrivent la propagation des champs respectivement engendrés par chacune des particules et qui agissent sur l'autre. Par exemple, le champ créé par la particule A à l'instant *t* exerce une force sur la particule B à l'instant *t'*.

ne subsiste ; elles sont remplacées par une seule et même notion, celle de quanton. Il n'y a plus désormais deux types d'objets, des particules d'un côté, des champs de l'autre, il n'y a que des quantons. Aussi le schéma résumant le processus quantique d'interaction ne représente-t-il plus des particules interagissant *via* des champs, mais des quantons interagissant *via* des quantons **(fig. III.2)**. Concrétisons ainsi ce schéma dans le cas particulier des interactions électromagnétiques. Quel est le quanton qui correspond au champ électromagnétique classique ? C'est naturellement le “grain” du champ électromagnétique, son quanton élémentaire, le photon. La ligne tiretée représente un photon qui transmet l’interaction entre deux quantons électriquement chargés, des électrons par exemple, ou des protons. Mais de tels graphes, appelés diagrammes de Feynman (d’après leur inventeur, Richard Feynman, un des grands physiciens du XX^e^ siècle), sont bien plus que des représentations analogiques figurées – et c’est ce qui en fait l’importance. Ils constituent en vérité une sorte de sténographie à laquelle sont associées des règles de calcul spécifiques. Quand un théoricien dessine un tel diagramme, c’est pour en tirer des formules qui vont lui permettre d’évaluer quantitativement le processus par lequel les électrons interagissent *via* l’échange d’un photon, en calculant par exemple la probabilité de cette interaction. Il ne faut surtout pas, j’y insiste – et

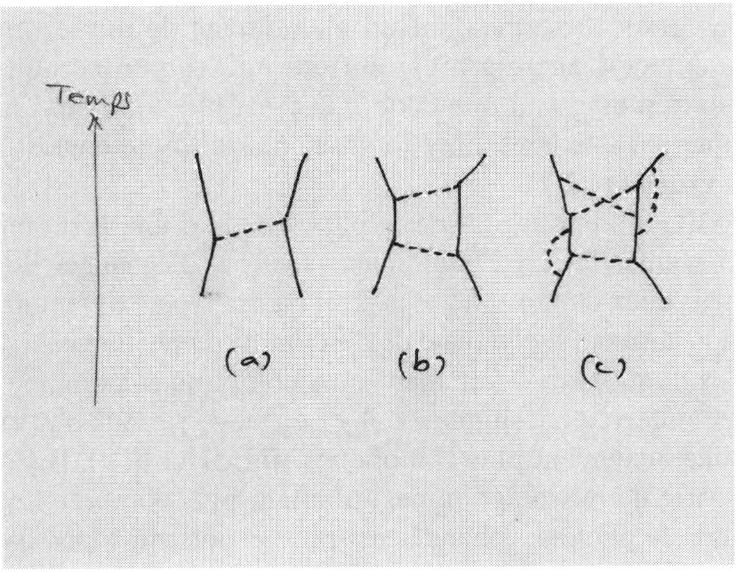


FIGURE III.2
**L’interaction selon la physique quantique**
Les quantons A et B interagissent en échangeant un autre quanton (a), ou deux (b), ou plus (c). Noter que, contrairement au cas classique (fig. III.1), les lignes associées aux quantons dans ces “diagrammes de Feynman” ne doivent pas être interprétées comme des trajectoires spatiales.

c'est pourquoi la figure est un peu trompeuse par rapport à la première, classique –, il ne faut surtout pas interpréter ces lignes comme des trajectoires dans l'espace. Les quantons ne sont pas ponctuellement localisables en règle générale, il n'y a donc pas ici de trajectoires spatiales mais une représentation beaucoup plus abstraite de l'évolution des quantons au cours du temps. Le temps, par contre, dont le sens est figuré par la flèche, correspond toujours à la conception usuelle de l'évolution du phénomène. Le schéma le plus simple (**fig. III.2 a**) montre deux électrons incidents, dont l'un émet un photon, et l'autre l'absorbe ; cette émission puis cette absorption se traduisent par des modifications de l'énergie et de la quantité de mouvement de chaque électron, ce qui est bien la caractéristique d'une interaction. Le processus d'émission d'un photon par un électron pourrait sembler interdit par les lois de conservation de l'énergie et de la quantité de mouvement. Mais c'est là, précisément, qu'entre en jeu le caractère quantique de ces grandeurs : pendant un phénomène de durée limitée, la valeur de l'énergie n'est définie qu'avec un certain flou (d'autant plus grand que cette durée est brève), ce qui donne quelque jeu à la contrainte imposée par la loi de conservation (voir **Question I.1**).

Ce diagramme n'est que le plus simple d'une série infinie, car bien entendu rien n'interdit aux électrons d'échanger, non pas un, mais deux photons, ou plus. Et il faudrait, pour avoir une description correcte et complète de l'ensemble du phénomène, rajouter des diagrammes nettement plus compliqués, comme celui, encore relativement simple, où il y a échange de deux photons, et d'autres, nettement plus compliqués (**fig. III.2 b, c**). Il y a une profusion de tels diagrammes, d'autant plus nombreux que le nombre de photons échangés est plus important. Mais, dans le cas de l'électromagnétisme en tout cas, plus ces diagrammes sont compliqués, plus leur contribution est faible. On parvient donc à obtenir une bonne description des phénomènes en s'en tenant d'abord au plus simple, puis aux plus simples au pluriel, d'où une série d'approximations successives qui se trouve donner d'excellents résultats. Ces diagrammes de Feynman se généralisent aux autres interactions, par exemple aux interactions nucléaires fortes, où les deux quantons seraient par exemple deux nucléons, et où les médiateurs de l'interaction sont alors des mésons – peu importe de quelle(s) espèce(s), mon but ici n'étant pas de vous décrire la zoologie compliquée des particules fondamentales, mais plutôt d'expliciter les mécanismes par lesquels elles interagissent. Bien entendu, comme dans le cas de l'électromagnétisme, il faudrait multiplier ces diagrammes, en considérant tous les échanges possibles de toutes les sortes de mésons en toutes quantités et dans tous les sens, pour avoir une représentation complète du phénomène. C'est là que gît la difficulté fondamentale du traitement des interactions nucléaires. Car, si dans le cas des interactions électromagnétiques, plus les diagrammes étaient compliqués plus leur contribution était faible, il en va bien différemment pour les interactions nucléaires – c'est pour cela d'ailleurs qu'elles sont dites "fortes". Ainsi, quand deux nucléons échangent deux mésons au lieu d'un, les contributions de ces processus sont du même ordre de grandeur. Il est donc très difficile de les sérier et de les ajouter de façon à obtenir un résultat sensé. Cette difficulté rend l'utilisation des diagrammes de Feynman plus problématique pour les interactions nucléaires que pour les interactions électromagnétiques.

Sans avoir besoin d'entrer dans les détails techniques et calculatoires de l'utilisation des diagrammes de Feynman, nous allons voir comment cette représentation trouve une efficacité immédiate en nous permettant de comprendre l'existence de l'antimatière, sur la double base de la théorie de la relativité et de la théorie quantique.

## L'antimatière

La conception einsteinienne de l'espace et du temps présente certaines différences qualitatives fondamentales avec la conception classique newtonienne. En particulier celle-ci, sur laquelle je n'avais pas insisté mais il le faut maintenant : la notion de simultanéité n'y est plus absolue. La simultanéité devient relative. Relative au point de vue de l'observateur, ou, de façon plus objective, relative au système de référence dans lequel sont repérés les événements. Autrement dit, pour reprendre un exemple d'Einstein, qui est purement illustratif, si à l'arrière et à l'avant d'un train en marche sont simultanément allumées deux lanternes, simultanément pour les voyageurs à bord du train en tout cas, alors pour le chef de gare qui est à l'extérieur du train, immobile par rapport aux rails, et qui voit le train se déplacer, les deux signaux ne seront plus simultanés.

Aussi choquante que soit cette assertion par rapport à notre intuition courante suivant laquelle deux événements simultanés le sont pour quiconque, tel n'est plus le cas en théorie einsteinienne de la relativité, il faut se faire une raison. Mieux, il existe certains couples d'événements dont l'ordre temporel est relatif ; en effet, si deux événements simultanés dans un certain référentiel peuvent être successifs dans un autre, en mouvement par rapport au premier, on comprend bien que dans un troisième, dont le mouvement serait opposé à celui du deuxième, la succession temporelle serait inversée. Ainsi, deux événements A et B peuvent être simultanés pour certains observateurs, A ayant lieu en même temps que B, mais pour d'autres observateurs A aura lieu après B, et pour d'autres encore, avant B.

Voir la discussion de la relativité de l'ordre temporel (**Question II.1**).

Rassurons-nous tout de suite : une telle inversion de l'ordre temporel n'est pas possible, et de loin, pour tous les couples d'événements ; il existe une large classe de couples d'événements pour lesquels l'ordre temporel reste absolu, ce qui permet de préserver la causalité. On serait sinon très embarrassé, puisque, si l'on pouvait toujours inverser la succession de deux événements, il n'y aurait plus de cause ni d'effet. Tel n'est pas le cas. Il reste une notion de causalité, mais un peu affaiblie. Un couple d'événements quelconque ne peut pas toujours se voir attribuer un ordre temporel absolu qui permette de les interpréter comme cause et effet ; pour de tels couples, l'ordre temporel peut être inversé suivant le point de vue spatio-temporel adopté.

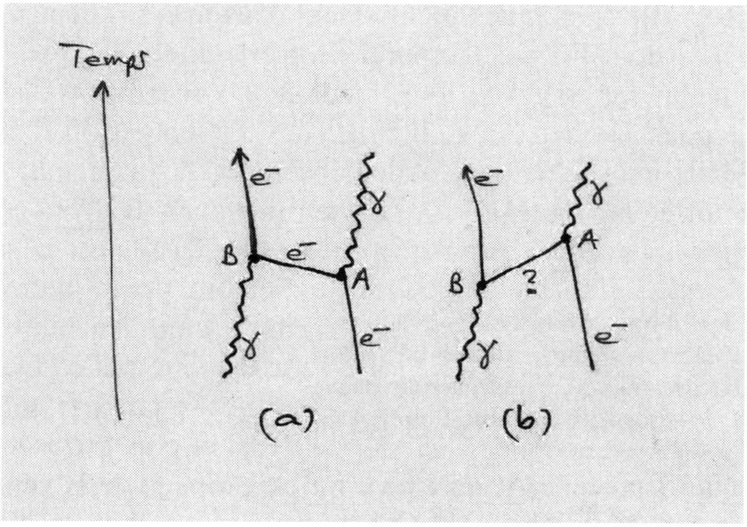


FIGURE III.3
**L'interaction électron-photon**

(a) Un électron e⁻ émet un photon γ en A puis en absorbe un autre en B.

(b) Le *même* phénomène, observé depuis un autre référentiel (en mouvement uniforme par rapport au premier, donc équivalent) montre l'émission en A *après* l'absorption en B. Quelle est alors la nature du quanton dans la phase intermédiaire ?

Venons-en maintenant au fait. Soit le diagramme de Feynman qui décrit l'interaction entre un électron et un photon (**fig. III.3 a**). L'électron émet un photon (événement A), puis en absorbe un autre (événement B). C'est une réaction qu'on peut symboliser ainsi : $\gamma + e^- \rightarrow \gamma + e^-$, au cours de laquelle sont modifiées les énergies du photon et de l'électron (c'est ce qui témoigne de la réalité de l'interaction). Dans le schéma tel que je l'ai tracé, le temps s'écoule verticalement ; l'absorption du photon par l'électron en A (je ne dis pas « au point A », rappelez-vous qu'il n'y a pas de spatialité ponctuelle) est antérieure à l'émission du photon en B. On a donc affaire à un électron qui absorbe un photon et qui, plus tard, en émet un. Maintenant, comme je viens de le dire, je peux étudier le même phénomène dans un autre cadre spatio-temporel, depuis un repère en mouvement (il faut bien sûr considérer des vitesses très grandes, comparables à celles de la lumière). Nous sommes précisément dans le cas de deux phénomènes dont l'ordre temporel peut être altéré – c'est, je le regrette, une assertion qu'il me faudrait plus de temps et de technicité pour justifier. Ainsi, il existe des référentiels où l'instant de l'émission suivra l'instant de l'absorption, le diagramme sera alors différent (**fig. III.3 b**), A ayant lieu après B. Nous avons alors un très sérieux problème à résoudre. Quelle est la signification de la ligne qui joint A à B, à quelle entité se rapporte-t-elle ? Qu'est-ce qui se propage entre A et B, et plus précisément, puisque B précède A, qu'est-ce qui se propage de B vers A ? Sûrement pas un électron ! Car on ne peut pas voir un photon donner naissance (en B) à deux électrons, ni (en A) deux électrons se transformer en un photon. Pourquoi ? Tout simplement parce que la charge électrique ne serait pas conservée. Deux particules chargées (négativement toutes deux) ne peuvent se transformer en une autre qui ne le serait pas. Comment alors interpréter ce qui se propage de B à A ? Eh bien, par une particule qui aurait une charge positive, et que nous allons noter $e^+$. C'est la même chose qu'un électron, sauf que sa charge est positive au lieu d'être négative. On l'appelle positon.

> Comment peut-on justifier cette inversion de la temporalité pour une particule intermédiaire échangée alors qu'elle est interdite pour des particules usuelles ? Voir **Question III.1**.

C'est donc bien le cadre spatio-temporel de la relativité einsteinienne, avec sa possibilité d'inverser une séquence temporelle, qui impose la considération des positons, symétriquement aux électrons.

> On dit trop souvent positron au lieu de positon, mais le "r" n'a aucune raison d'être : électron parce qu'électricité, mais positif donc positon ; on a d'ailleurs proposé de rebaptiser symétriquement l'électron en négaton, mais ce terme n'a jamais pris.

Illustrons ce mécanisme dans un autre cas, celui des interactions nucléaires, pour montrer sa généralité. Considérons par exemple un proton et un neutron, interagissant par l'échange d'un méson (**fig. III.4**). Le proton p en A émet un méson positivement chargé, un pion $\pi^+$ (**fig. III.4 a**). Ce faisant, il perd sa charge et se transforme en une particule sans charge, un neutron n. Le neutron incident

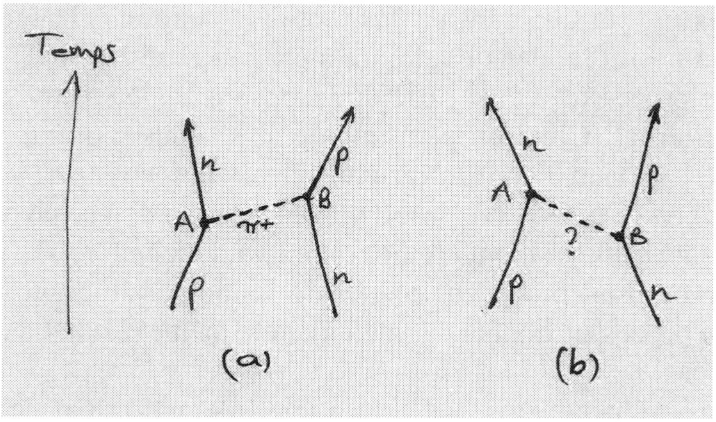


FIGURE III.4
**L'interaction proton-neutron**

(a) Le proton p émet en A un méson $\pi^+$ et se transforme en neutron, puis un neutron n absorbe le méson en B et se transforme en proton.

(b) Le *même* phénomène, observé depuis un autre référentiel (en mouvement uniforme par rapport au premier, donc équivalent), montre la transformation du neutron avant celle du proton. Quelle est alors la nature du quanton dans la phase intermédiaire ?

arrive, absorbe en B le méson $\pi^+$, gagne sa charge et se transforme en proton. Il y a eu échange des charges entre le neutron et le proton de départ, mais le résultat final est que l'on avait un neutron plus un proton à l'entrée et que l'on a toujours un neutron plus un proton à la sortie, c'est une interaction neutron-proton. Considérons maintenant le phénomène d'échange du méson entre le proton et le neutron depuis un autre référentiel dans lequel B a lieu avant A (**fig. III.4 b**). Même problème qu'auparavant. Quel est cette fois-ci le quanton qui va de B à A ? Cela ne peut pas être un méson $\pi^+$, exactement pour la même raison que précédemment, parce que le neutron ne peut pas se transformer en deux particules chargées positivement, de même que, en A, le proton ne peut pas absorber une particule chargée positivement pour donner un neutron. Cela impose donc l'existence d'un méson $\pi^-$ qui est la même chose qu'un méson $\pi^+$, sauf qu'il a une charge négative. Mais, direz-vous, ce n'est pas le même processus, puisque dans un cas proton et neutron échangent un méson positif, et dans l'autre un méson négatif. Eh si ! C'est le même processus, vu, si j'ose dire, sous un angle spatio-temporel différent. C'est un peu comme si je vous montrais cette feuille ; suivant l'endroit où vous êtes, vous voyez ce côté-ci (recto) ou ce côté-là (verso). Il y a deux points de vue possibles, mais une seule et même feuille. Il en va de même ici. Il y a un seul processus, mais deux angles de vision possibles, et le calcul du processus donnera évidemment le même résultat dans les deux cas.

Ainsi, chaque fois que l'on a une interaction par échange d'un quanton de charge positive, il faut, pour que le même phénomène puisse être interprété d'un autre point de vue spatio-temporel, supposer l'existence d'un quanton de charge négative. Cette exigence est très générale. *Tout* quanton peut devoir être considéré comme vecteur d'une interaction dans un certain processus – c'est par cette propriété que les quantons transcendent la dualité classique entre particules et champs. Pour chaque espèce de quanton, il doit donc exister une espèce symétrique, toute semblable, aux charges toutes inversées (il existe d'autres types de charges que la charge électrique, moins familières), qu'on appelle les "antiparticules" des premières. On voit comment une modification radicale de la conception de l'espace et du temps, c'est-à-dire de la grande scène sur laquelle se joue le théâtre de la nature, implique une transformation des acteurs. Sur la scène einsteinienne, il faut, pour chaque acteur, convoquer (au moins en coulisses) son anti-acteur, faute de quoi la pièce n'est pas cohérente. Cela fut compris pour la première fois dans les années 1930, quand Dirac, l'un des grands théoriciens de l'époque, proposa une description quantique de l'électron en conformité avec la relativité einsteinienne. Son équation se trouva posséder, outre les solutions espérées (et obtenues) décrivant l'électron, des solutions inattendues décrivant des quantons de charge positive, mais de même masse que l'électron, particules à l'époque inconnues. Moins d'un an plus tard, un expérimentateur, Carl Anderson, les observait dans le rayonnement cosmique. Depuis cette époque, il n'y a jamais eu d'exception : chaque fois que l'on a trouvé des particules nouvelles, on a trouvé, tôt ou tard, les antiparticules correspondantes. Il y a donc une dualité fondamentale de la nature qui, à toute forme de matière, fait correspondre une forme symétrique, dite "antimatière". La matière, *proprio motu*, n'est finalement que celle à laquelle nous sommes accoutumés, composée, pour l'essentiel et de prime abord, des électrons atomiques, des protons et des neutrons des noyaux, sans parler ici de la systématique compliquée des autres particules fondamentales. Nous devons alors mettre en regard ce que nous appelons "antimatière", où à l'électron va correspondre le positon, au proton va correspondre un antiproton, de même masse mais avec une charge négative, au neutron va correspondre un antineutron – et c'est déjà un peu plus subtil, car la charge électrique du neutron est nulle ; néanmoins le neutron a un autre type de charge (dite baryonique), qui distingue le neutron et l'antineutron.

Mais le terme d'antimatière est-il véritablement le meilleur ? Cela dépend comment on l'entend. Le préfixe "anti" a en fait deux significations dans la langue courante : il peut désigner, par exemple dans "antibiotique", l'ennemi, ce qui s'oppose à, ou comme dans "antipode", le symétrique, ce qui est à l'opposé de. Adoptons donc le terme d'antimatière, mais comprenons-le comme antipode, une matière inversée, mais de la matière encore, une autre forme de matière. La métaphore des antipodes fonctionne d'ailleurs assez bien : en Nouvelle-Zélande, c'est la France qui est aux antipodes... Autrement dit, nous sommes aux antipodes de nos antipodes : la relation d'antipodalité est parfaitement réciproque. Il en va de même ici : l'antimatière de l'antimatière, c'est la matière ordinaire. On voit d'ailleurs bien la symétrie parfaite de cette relation avec les mésons $\pi^+$ et $\pi^-$ qui sont antiparticules l'un de l'autre, mais pour lesquels, étant donné leur absence dans notre environnement familier, il serait très arbitraire de considérer que l'un appartient à la matière et l'autre à l'antimatière... Il faut enfin rajouter ceci, et l'analogie avec les antipodes s'arrête là, c'est qu'il y a des formes de matière absolument neutres, qui ne transportent aucune charge et donc pour lesquelles la distinction entre matière et antimatière n'a aucune signification. C'est par exemple le cas du photon et du méson neutre $\pi^0$, qui sont leurs propres antiparticules. Plus exactement, il n'y a pas de dualité en ce qui les concerne : photon et antiphoton, c'est exactement la même chose (**tab. III.5**).

| ***Particule*** | | ***Antiparticule*** |
|---|---|---|
| | photon $\gamma$ | |
| électron $e^-$ | | positon $e^+$ |
| neutrino $\nu$ | | antineutrino $\bar{\nu}$ |
| proton p | | antiproton $\bar{p}$ |
| neutron n | | antineutron $\bar{n}$ |
| méson $\pi^+$ | méson $\pi^0$ | méson $\pi^-$ |

TABLEAU III.5

**Particules et antiparticules (quelques exemples)**

La dualité matière-antimatière ne concerne que les particules chargées, chacune ayant sa symétrique ; noter que, sauf pour les particules de la matière ordinaire, la dénomination de l'une comme particule et de l'autre comme antiparticule relève d'un relatif arbitraire (c'est le cas pour les mésons $\pi^+$ et $\pi^-$ par exemple). Pour les particules sans charge aucune (le photon $\gamma$ ou le méson $\pi^0$), la question terminologique reste posée.

Répétons-le, matière et antimatière ont, chacune de son côté, rigoureusement les mêmes propriétés. Autrement dit, s'il existait, c'est une question qui n'est pas tout à fait résolue aujourd'hui, des domaines lointains de l'Univers où, au lieu des électrons on aurait des positons, au lieu des protons des antiprotons, il y aurait des antiatomes et des antinoyaux, mais la physique serait la même que la nôtre (ou presque, j'y reviens plus loin). C'est uniquement parce que nous vivons dans un monde où *cette* matière, celle des électrons et des protons, est prédominante, que nous la désignons comme *la* matière. De fait, l'antimatière est, dans notre monde, très éphémère. Mais pourquoi cette rareté ? Rien de plus facile pourtant que de créer de l'antimatière – en principe au moins... –, car c'est encore un phénomène lié à la théorie de la relativité einsteinienne. On peut le comprendre déjà à partir de l'un des schémas que nous avons tracés plus haut (**fig. III.3 b**). Reprenez-le et isolez par la pensée

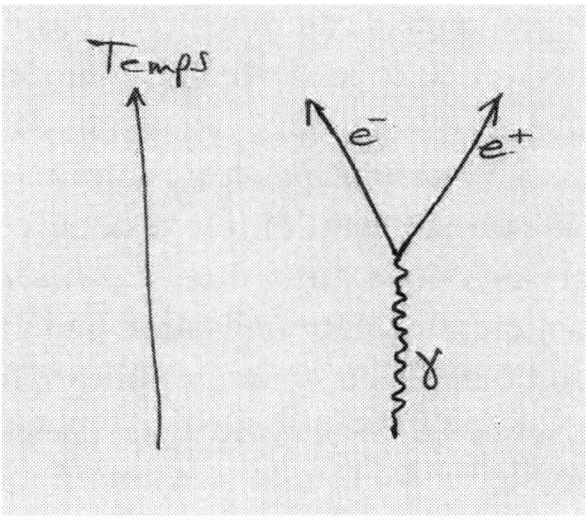


FIGURE III.6
**Formation d'une paire électron-positon**
Le processus élémentaire d'interaction électromagnétique permet la transformation d'un photon en une paire électron-positon (sous réserve de la conservation de l'énergie et de la quantité de mouvement).

le processus qui se déroule en B (**fig. III. 6**). Qu'y voyons-nous ? Un photon qui se transforme en une paire électron et positon. C'est effectivement le bon moyen de créer des positons ! Pour des raisons liées à la loi de conservation de la quantité de mouvement, il faut au photon un partenaire dans l'opération, une sorte de catalyseur, dont le rôle est d'absorber ou de fournir la quantité de mouvement adéquate en interagissant avec l'une des particules créées : ce peut être un noyau atomique par exemple. Mais il faut d'abord et avant tout que le photon ait assez d'énergie pour se transformer en un couple électron-positon. Que se passe-t-il ? L'énergie du photon, purement cinétique (rappelez-vous, un photon a une énergie interne nulle), se transforme entièrement en énergie du positon et de l'électron, en particulier en leur énergie de masse. La conversion d'énergie cinétique (du photon) en énergie interne (de l'électron et du positon) se fait avec un rendement de 100 %, et le photon disparaît dans l'affaire. Lorsque ces phénomènes ont été découverts, dans les années 1930, on n'était pas encore accoutumé à la notion de photon, et l'on avait tendance à le penser sur le mode classique des ondes, du rayonnement, autrement dit pas comme un objet matériel (quantique). L'idée de matière, implicitement, était réservée aux objets qui avaient de la masse, les électrons, les protons, mais n'englobait pas les photons – pensés comme du rayonnement non substantiel. On a donc considéré que la matière apparaissait, pour ainsi dire, *ex nihilo*, qu'il y avait "création" de matière, ou "matérialisation de l'énergie". Ce qui, à juste titre, posait bien des problèmes philosophiques...

En vérité, c'est une façon inadéquate de parler, car finalement le photon est aussi (ou tout aussi peu) matériel que l'électron ou le positon – la lumière, c'est de la matière ! On a donc simplement ici une réaction de transformation d'un photon en une paire électron-positon. Naturellement, ce phénomène est réversible, et l'on peut voir une réaction inverse où l'électron et le positon disparaissent tous deux pour se transformer en photons (deux au moins, toujours pour respecter les lois de conservation). On parlait autrefois dans ce cas d'"annihilation" de la matière, en allant jusqu'à prétendre que la physique moderne avait démontré le caractère éphémère de la matière, censée se transformer en "énergie pure" ; vous pouvez imaginer le rôle de tels énoncés dans les grands débats sur la matière et l'esprit. Mais c'est que la conception de la matière alors dominante était trop étroite. Il y a donc ici simplement transformation de matière, et nullement disparition ou apparition, annihilation ou création. On peut maintenant comprendre pourquoi un positon, parfaitement stable et pérenne lorsqu'il est isolé (comme un électron), n'a qu'une existence brève au sein de la matière ordinaire. Le sort qui l'attend tôt ou tard est de rencontrer un électron et de disparaître avec lui en donnant naissance à

> « Du point de vue qui est devenu familier aujourd'hui, il ne semble pas antinaturel de désigner par exemple le rayonnement, c'est-à-dire le champ de forces électromagnétique, comme une forme particulière de matière ; car la matière peut se transformer en rayonnement et le rayonnement en matière. Le principe de conservation de la substance se prolonge en un principe de conservation de l'énergie et l'énergie peut entrer en jeu sous les formes les plus différentes : comme rayonnement, comme mouvement, comme poids. »
>
> Werner Heisenberg, *Philosophie* (Le manuscrit de 1942)

quelques photons. La même aventure attend un anti-nucléon, qui, finissant par rencontrer un nucléon de la matière, disparaîtra avec lui en engendrant quelques mésons. C'est pourquoi l'antimatière est éphémère dans notre environnement usuel, difficile à conserver, et donc à étudier.

## Réflexions

La relation entre une particule et une antiparticule est en fait une symétrie de type miroir, et constitue un homologue abstrait de la symétrie de réflexion géométrique que nous offrent les miroirs classiques, qui "inversent" les objets. Si vous présentez votre main gauche à un miroir, vous y voyez une image identique à votre main droite et réciproquement. Un objet est transformé en son symétrique par un miroir: l'image d'une chaussure gauche est une chaussure droite. Mais il existe des objets qui sont identiques à leur image dans un miroir: prenez une paire de chaussettes usuelles, on ne peut distinguer une chaussette gauche et une droite, une chaussette est identique à son image dans un miroir (attention: ne pas prendre des chaussettes japonaises où le gros orteil est séparé !). Revenant à la symétrie entre matière et antimatière, on pourrait dire que les photons sont comme les chaussettes, mais un couple électron-positon comme une paire de chaussures.

Puisque nous venons de faire allusion à la symétrie par réflexion spatiale, il vaut la peine d'indiquer qu'elle joue par elle-même un rôle important en physique fondamentale. La réflexion est une symétrie spatio-temporelle qu'il faut ajouter aux symétries de type relativiste évoquées dans la conférence précédente. On a longtemps considéré la validité de cette symétrie comme allant de soi. Autrement dit, il semblait évident que l'image dans un miroir d'un phénomène physique réel représentait un phénomène physique possible (éventuellement différent). Ou encore que, si l'on considère deux images d'une même scène, l'une photographiée directement, l'autre photographiée dans un miroir, il est impossible de dire quelle est la photo "vraie" et quelle est la photo “inversée” par le miroir. Par exemple, l’image d’un tire-bouchon ayant le “mauvais” sens de rotation peut être celle d’un vrai tire-bouchon photographié dans un miroir, ou bien celle d’un bien réel tire-bouchon farceur.

Aussi fut-ce sans doute l’une des surprises les plus considérables de la physique fondamentale quand, au milieu des années 1950, on découvrit que certains phénomènes, à savoir ceux que gouvernent les interactions nucléaires faibles (responsables de la radioactivité bêta, par exemple), ne respectaient pas cette symétrie. La symétrie de réflexion étant souvent appelée (peu adéquatement) “parité” par les physiciens, sa mise en défaut fut connue sous le nom de “violation de la parité”. Mais, et c’est un éloquent témoignage de la robustesse du cadre théorique de la physique actuelle, cette découverte fut rapidement intégrée dans les formalismes existants. L’exemple le plus simple de cette situation est fourni par le neutrino, cette évanescente particule sujette aux seules interactions faibles que nous venons de mentionner. Dans ce qu’on pourrait décrire par analogie comme un mouvement de rotation sur lui-même, le neutrino est comparable à un tire-bouchon – mais tournant exclusivement dans le “bon” sens : il n’existe pas de neutrino tournant à l’envers, de sorte qu’un phénomène physique donnant naissance à un neutrino est absolument discernable de son image dans un miroir, qui représenterait l’impossible émission d’un inexistant neutrino de mauvaise orientation.

Il convient enfin de mentionner une troisième symétrie de type réflexif, concernant cette fois la dimension temporelle des phénomènes physiques. Le “renversement du temps”, comme on l’appelle, consiste en une inversion de la direction de l’évolution temporelle. Comme pour la réflexion spatiale, on a longtemps considéré la validité de cette symétrie comme allant de soi. Autrement dit, il semblait évident que si l’on filme un phénomène physique, le film passé à l’envers représente encore un phénomène physique possible (en général différent).

La validité des symétries de réflexion spatiale et de renversement temporel pour les phénomènes quotidiens demande quelque subtilité. Voir **Question III.2**.

En fin de compte, nous avons introduit trois symétries d'une grande importance en physique fondamentale :

- la réflexion d'espace, usuellement notée *P* (à cause de son autre appellation de "parité") ;
- le renversement du temps, noté *T* ;
- la transformation mutuelle matière-antimatière, appelée aussi conjugaison de charge, puisqu'elle inverse le signe des charges (électriques ou autres), et notée *C*.

Leur caractère commun est d'être de type réflexif, c'est-à-dire que leur réitération ramène à la situation de départ : une image miroir vue dans un second miroir est identique à l'objet de départ, un film passé à l'envers de nouveau inversé est le film originel, et l'antimatière de l'antimatière est la matière ordinaire.

L'une des grandes surprises de la physique moderne est d'avoir montré que, en toute rigueur, aucune de ces symétries n'est valide pour tous les phénomènes (même si la plupart, à notre échelle au moins, les respectent toutes trois). Mais cette rupture d'avec le sens commun est partiellement compensée par un puissant résultat de la théorie, que l'expérience confirme. Si ni la réflexion d'espace *P*, ni le renversement du temps *T*, ni la conjugaison de charge *C* ne valent absolument, en revanche leur combinaison reste une symétrie valide. Autrement dit, le film d'une expérience de physique passé à l'envers et vu dans un miroir représente une autre expérience de physique possible où les particules auraient toutes été remplacées par leurs antiparticules. C'est en ce sens que matière et antimatière peuvent être dites avoir les mêmes propriétés, cet énoncé exigeant que, dans certains cas au moins, les propriétés considérées fassent l'objet d'une double inversion temporelle et spatiale. Il reste donc au cœur de la matière une symétrie fondamentale. L'importance considérable de cette assertion provient de ce qu'elle repose sur une démonstration rigoureuse. La preuve de ce "théorème *CPT*", comme on l'appelle, repose à la fois sur la théorie relativiste einsteinienne de l'espace-temps et sur les concepts de base de la théorie quantique. La confirmation expérimentale de ce résultat, jusqu'ici jamais mise en défaut, apporte un soutien de poids à ces deux théories à la fois, et souligne leur compatibilité.

## L'élémentarité en question

La notion d'antiparticule n'est que l'un des effets conjoints de la théorie quantique et de la théorie de la relativité sur la conception que nous avons de la matière et de sa constitution. Plus profondément, nous avons assisté à un profond bouleversement de la notion même de constituants élémentaires de la matière, et donc de la façon dont la matière interagit avec elle-même pour donner naissance à des structures complexes. Rappelons-nous ce schéma de la descente depuis la matière ordinaire vers ses composants, d'abord les atomes et les molécules, puis, successivement, vers les noyaux et les électrons, les baryons et les mésons, les quarks et les gluons (**tab. I.1**). Nous allons maintenant montrer comment, au cours de ce cheminement, la relation entre composant et composé a dû être profondément modifiée, rencontrant diverses limites de nature épistémologique, et les dépassant.

La première de ces modifications tient à la *nature matérielle* des composants d'un système composé. Pensons à la différence entre un tas de briques et un mur de briques.

Ils sont certes tous deux composés de briques, mais pas de la même façon. Le mur de briques à une certaine structure, que traduit la cohésion des briques et leur arrangement ordonné. Si elles tiennent ensemble, c'est qu'il y a du ciment qui assure la solidité du mur et maintient sa structure. Mais si l'on demande de quoi est fait le mur, la réponse générale sera qu'il est fait de briques, et on ne mentionnera pas, de prime abord en tout cas, le ciment. De fait, les briques occupent la majorité du volume et comprennent l'essentiel de la masse du mur ; et du ciment, il n'y en a guère en proportion. Il est pourtant indispensable à la structure et à la stabilité du mur, et l'on devrait dire, en toute rigueur, que le mur est composé de briques et de ciment. Si on oublie le ciment, on n'a pas un mur, mais un tas. Ainsi, ce qui assure la liaison au sein d'une structure fait partie de la structure. Pourquoi, en règle générale, ne pensons-nous pas ainsi ? C'est que nous avons tendance, quand nous considérons un objet construit, à privilégier les éléments séparés, discrets, qui le composent. Une machine, nous la démontons en pièces, en éléments, y compris d'ailleurs ses boulons et rivets d'assemblage. Mais quand il s'agit d'un objet, par exemple un mur, où entrent, en plus des composants discontinus, ici les briques, un matériau continu, fluide, ici le ciment, nous n'avons pas le réflexe spontané de le penser comme appartenant à la liste des constituants de l'objet. Or, dans le cas des objets quantiques, cela va devenir indispensable. Prenons l'atome. On dit toujours que l'atome est constitué d'un noyau et d'électrons. C'est tout simplement faux. S'il n'y avait qu'un noyau et des électrons, ils ne tiendraient pas ensemble, comme un tas de briques sans ciment. Un atome, c'est un noyau et des électrons *plus* ce qui les fait tenir ensemble. Mais pourquoi tiennent-ils ensemble ? Grâce à l'attraction électromagnétique. Le médiateur physique de l'attraction électromagnétique, c'est classiquement un champ électromagnétique, mais quantiquement, nous y voilà, ce sont les quantons du champ, des photons. Ce sont les échanges de photons entre le noyau chargé et les électrons qui assurent la cohésion de l'atome. Il faut donc dire, en toute rigueur, qu'un atome, c'est un noyau, des électrons – et des photons ! Certes, c'est plus compliqué, car ces photons ne se dénombrent pas si aisément, mais ils sont un constituant essentiel de la matière, et font partie intégrante de la substantialité même de l'atome. Ainsi, première conséquence de la nature quantique de la matière, nous sommes amenés – nous venons d'ailleurs déjà de le voir à propos de l'antimatière – à élargir notre conception de la substantialité. Il faut maintenant penser ces quantons de masse nulle, les photons, comme tout aussi substantiels que les électrons et les protons, ce sont des objets matériels au même titre. La notion de substance s'élargit ainsi.

Mais la matière des électrons, n'est-ce pas cependant celle que nous touchons ? Voir **Question III.3**.

Deuxième mutation, celle qui concerne l'*existence actuelle* des composants : quand nous considérons un objet composé, nous avons l'habitude de penser ce qui le compose comme existant effectivement. Quand vous cassez un mur de briques, vous n'êtes pas surpris qu'il se transforme en un tas de briques, parce que les briques étaient dans le mur. Vous trouvez dans le tas les mêmes briques qui étaient présentes dans le mur. En théorie quantique, il n'en sera plus nécessairement ainsi. Cela reste pourtant encore vrai au niveau interatomique : si, par un procédé quelconque, l'électrolyse ou une réaction chimique, vous décomposez une molécule d'eau $H_2O$, elle se décomposera en deux atomes d'hydrogène et un atome d'oxygène, ces mêmes atomes qui constituaient la molécule d'eau – vous trouvez les mêmes briques maintenant séparées. Mais considérons maintenant ce qui se passe dans le domaine des particules fondamentales de haute énergie, pour lesquelles il faut faire appel aux conceptions einsteiniennes d'énergie, de masse, etc. On peut voir alors apparaître, lors d'une réaction entre particules, des objets nouveaux. Rappelons-nous la réaction $p + p \rightarrow p + p + \pi^+ + \pi^-$. L'énergie cinétique des deux protons se transforme pour partie en énergie interne, en énergie de masse des mésons. Mais ce qui est extraordinaire, c'est que ces mésons ne préexistaient pas dans les deux protons, puisque ces derniers sont toujours là ! Comme si, après une collision entre deux voitures, on les retrouvait intactes, mais avec deux roues éjectées en plus. Notre intuition ne nous prépare pas à ce phénomène de transformation qui permet l'apparition et la disparition d'objets. Autrement dit, dans le domaine quantique einsteinien, le nombre d'objets, de quantons, n'est pas fixé, il peut en apparaître et il peut en disparaître. La permanence des composants, à laquelle la chimie restait conforme, n'est plus de mise. En chimie, il n'y a jamais que des réactions de réarrangement, un atome passe d'une molécule dans une autre, mais ce sont de simples permutations, de la combinatoire pure. La complexité de la physique des particules est beaucoup plus considérable, d'autant plus que l'énergie est plus élevée. Dans les grands accélérateurs de particules, ou pire encore, quand une particule cosmique de très haute énergie qui nous vient du fin fond de l'Univers frappe un noyau de l'atmosphère, il peut y avoir assez d'énergie disponible pour créer des milliers de particules nouvelles. L'observation de tels phénomènes – la mesure des directions, des énergies, de ces particules – devient extrêmement ardue, et ce domaine de la physique devient d'une complexité expérimentale considérable.

À la vérité, la question soulevée ici concerne non seulement les réactions entre quantons, mais leur existence propre elle-même. Ici encore, les diagrammes de Feynman vont nous servir de support heuristique. Considérons un photon – tout seul, en apparence au moins. Sa propagation est, *a priori*, représentée par une simple ligne (**fig. III.7 a**). Or le processus fondamental par lequel un photon peut se transformer en un couple électron-positon (**fig. III.6**) oblige à inclure également un diagramme, où, temporairement, le photon est remplacé par une telle paire, qui ensuite redonne naissance à un photon (**fig. III.7 b**). Mais, une fois ouverte la boîte de Pandore, on s'aperçoit qu'il faut ajouter un nombre infini de tels diagrammes (**fig. III.7 c**). Autrement

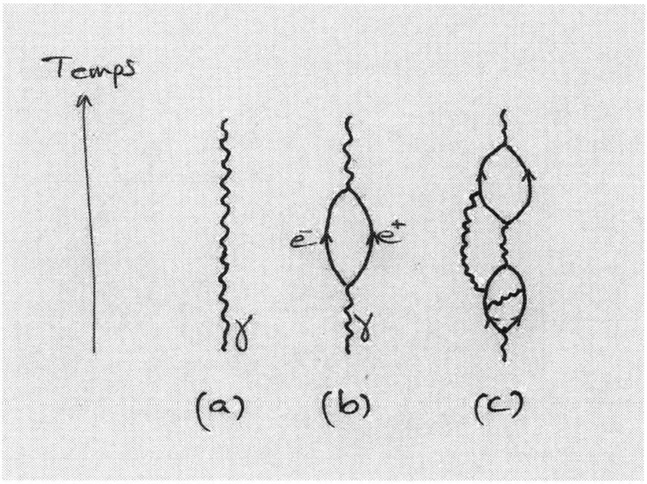


FIGURE III.7
**La propagation du photon**
La propagation d'un photon est un phénomène dynamique, au cours duquel le photon peut ne subir aucune modification (a), mais peut aussi se transformer temporairement en une paire électron-positon (b), ou subir des transformations plus complexes – par exemple (c).

dit, l'interaction électromagnétique fondamentale dont le photon est le médiateur oblige à concevoir son existence comme un processus dynamique où le photon est à la fois tout ce en quoi il peut se transformer. Bien entendu, le même raisonnement vaut pour l'électron, comme le montrent, une fois encore, les diagrammes de Feynman qui représentent sa propagation (**fig. III.8**). Ainsi, les propriétés intrinsèques des quantons (comme leur masse, par exemple) ne sont pas données préalablement à et indépendamment de leurs interactions, mais en sont l'expression même. On dit parfois que les quantons sont "habillés" par leurs interactions ; comme il est évidemment impossible d'annuler ces dernières, les propriétés d'un quanton "nu", qui serait sans interactions, sont inaccessibles – ou plutôt dépourvues de signification. Cela exige la mise en œuvre d'un formalisme élaboré assurant la cohérence de la théorie de façon que les phénomènes d'interaction entre deux (ou plusieurs) quantons s'expriment en fonction de leurs propriétés individuelles compte tenu de ces mêmes interactions. Il est remarquable que ce processus (dit de

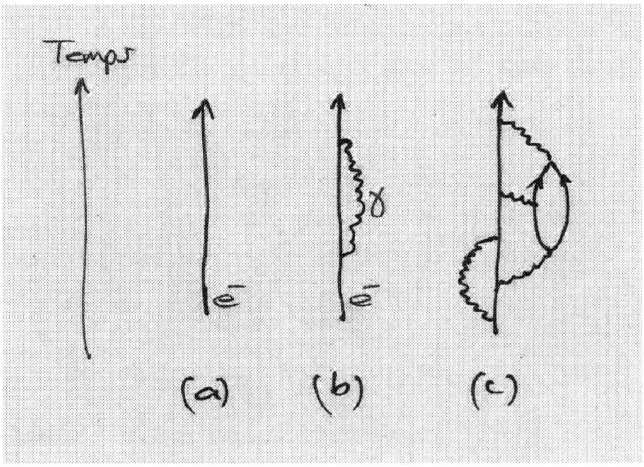


FIGURE III.8
**La propagation de l'électron**

La propagation d'un électron est un phénomène dynamique, au cours duquel l'électron peut ne subir aucune modification (a), mais peut aussi être accompagné temporairement d'un photon (b), ou subir des transformations plus complexes – par exemple (c).

“renormalisation”) puisse être mis en œuvre de façon rigoureuse, au moins dans le cas de l’électromagnétisme, et conduise à des résultats d’une précision inégalée.

Troisième question troublante, du point de vue épistémologique, celle de la *stabilité individuelle* des composants. Prenons l’exemple des noyaux atomiques, composés, comme chacun sait, de nucléons, lesquels existent sous deux formes, protons et neutrons. Nombre de noyaux sont stables. D’autres sont instables, radioactifs, et se désintègrent spontanément, avec des durées de vie plus ou moins longues. Le noyau stable le plus simple est celui de l’atome d’hydrogène, qui se réduit à un proton. Le noyau le plus simple après lui est celui de l’hydrogène lourd, autrement dit le deutérium. C’est le plus petit noyau composite : parfois appelé deuton (ou deutéron), il comprend un proton et un neutron. L’hydrogène lourd est un élément chimique stable que l’on peut isoler ; dans la nature, il n’est pas si rare : on trouve dans l’eau ordinaire une certaine proportion (environ 1 / 5000) d’eau lourde dans laquelle l’hydrogène est remplacé par du deutérium. Son noyau, le deutéron, que l’on peut isoler par des moyens pas trop compliqués, est bien connu, il est parfaitement stable, le proton et le neutron y restant liés *ad vitam aeternam*. Soit maintenant un neutron isolé, obtenu par exemple en brisant un noyau de deutérium, de sorte que le proton partira d’un côté et le neutron d’un autre. Eh bien, ce neutron, une fois isolé, se désintégrera spontanément, au bout d’un temps de l’ordre du quart d’heure. Le neutron est instable ! Il se désintègre en un proton, un électron et un antineutrino ; c’est l’exemple le plus élémentaire de radioactivité bêta. On pourrait dire que le neutron est le noyau radioactif le plus simple. Ce qui nous intéresse ici est que ce neutron, instable lorsqu’il est isolé, ne l’est plus lorsque, combiné à d’autres nucléons, il appartient à un noyau stable – par exemple le deutéron. Cela va à l’encontre de l’idée toute naturelle qui serait de n’attribuer la qualité d’élémentaire qu’aux objets stables. Pour-

La dynamique quantique des interactions modifie non seulement notre conception de la forme d’existence des objets, mais aussi celle du vide. Voir **Question III.4**.

tant, il nous faut, toute la physique nucléaire nous le dit, considérer proton et neutron comme des jumeaux, aux propriétés identiques au regard des interactions nucléaires. Il se trouve que l'un est stable, l'autre pas, mais c'est d'une certaine façon contingent. Autrement dit, la stabilité n'est plus un critère d'élémentarité. Cela modifie complètement notre vision de ce qu'est un objet composé : nous n'avons pas l'habitude dans notre monde habituel de composés stables incluant des composants instables. C'est encore une fois la mutation einsteinienne de la notion d'énergie qui explique ce phénomène, *via* la conversion d'énergie de masse en énergie cinétique. Si le neutron isolé est instable, c'est que son énergie (de masse) est supérieure à l'énergie (de masse) totale du proton, de l'électron et de l'antineutrino, autorisant sa désintégration (par le jeu des interactions nucléaires faibles) avec libération d'énergie (cinétique). En revanche, lorsqu'il est combiné (par le jeu des interactions nucléaires fortes) à d'autres nucléons au sein d'un noyau stable, cette liaison abaisse l'énergie totale de façon que la désintégration n'est plus autorisée par la loi de conservation de l'énergie. La situation est générale. Et nous avons dû nous accoutumer au cours des dernières décennies à voir se regrouper dans une même famille des particules fondamentales, les unes stables, les autres instables. Le cas du proton et du neutron est l'un des plus simples, mais il y en a bien d'autres. Ainsi la notion de stabilité devient secondaire quant à la question de l'élémentarité.

La quatrième modification et peut-être la plus profonde, la plus radicale et pour l'instant la moins dominée, de la notion de composition porte sur la question de la *séparabilité* des composants, ou devrions-nous peut-être dire plutôt, pour éviter toute confusion avec la question toute différente de la séparabilité en théorie quantique, de leur *dissociabilité*. Quand on dit qu'un mur est composé de briques, c'est qu'on peut le casser et éparpiller les briques. Quand nous disons que la molécule d'eau ($H_2O$) est constituée de deux atomes d'hydrogène et d'un atome d'oxygène, c'est qu'on peut la briser (en la bombardant avec des particules assez énergétiques, par exemple), et dissocier ainsi ses atomes constituants, les deux hydrogènes et l'oxygène, chacun partant dans une direction différente. Même chose encore pour les noyaux dont on peut séparer les nucléons. Mais au niveau inférieur la situation devient plus étrange. Nous avons appris que les nucléons eux-mêmes sont composés de quarks (et de gluons qui en assurent la cohésion). Plus précisément, le proton ou le neutron sont constitués de trois quarks. Or il est impossible de dissocier les quarks qui constituent un nucléon, et de les obtenir à l'état libre, comme objets isolés. Quelle que soit la force du choc que nous ferons subir au nucléon, quelle que soit l'énergie avec laquelle nous le bombarderons, nous ne pourrons séparer ses quarks les uns des autres.

Les forces dont nous avons l'habitude, force de gravitation ou force électrique, diminuent quand la distance augmente. Par exemple, deux électrons se repoussent parce qu'ils ont même charge, mais plus ils sont éloignés, moins cette répulsion électrostatique est intense. De même, un électron et un proton s'attirent beaucoup moins à grande qu'à petite distance. Pour l'attraction gravitationnelle entre deux objets, il en va de même : c'est ce qu'exprime la fameuse loi de Newton, selon laquelle la force diminue comme l'inverse du carré de la distance. Quant aux interactions proprement nucléaires entre deux noyaux, elles ont une portée très courte et au-delà de quelques nanomètres elles sont pratiquement nulles. Mais à l'intérieur des nucléons les interactions quarkiennes présentent une propriété opposée, elles *augmentent* avec la distance. Plus vous éloignez deux quarks, plus la force qui tend à les rapprocher augmente. C'est un phénomène que l'on connaît bien pour un objet très familier : un ressort. Prenez un ressort à boudin, et tirez sur ses extrémités, la loi de Hooke qu'on connaît depuis 1700 et qu'on apprend au collège vous le dit : la force croît avec l'élongation. Plus vous tirez, plus le ressort s'efforce de se rétracter. Mais vient un moment où vous dépassez la limite d'élasticité ; le ressort casse, et la force tombe brusquement à zéro. Eh bien, il faut imaginer la force entre les quarks comme s'ils étaient liés par un ressort parfait, absolument incassable. Impossible, au regard de nos connaissances actuelles, de séparer les quarks, et donc de dissocier un nucléon en ses constituants. Mais alors, comment sait-on qu'il est constitué de 3 quarks ? On le sait de façon indirecte, l'exploration de ces nucléons par toutes sortes de moyens, les expériences de collision entre nucléons par exemple, nous montrant que cette interprétation est la meilleure et la plus cohérente. De fait, à notre échelle déjà, il n'est pas toujours nécessaire de casser un objet pour savoir de quoi il est composé. Imaginez un petit sac de toile, vous pouvez à l'oreille comprendre qu'il contient des billes et même, en le tripotant de l'extérieur sans l'ouvrir, ou en le pesant, compter les billes qu'on y trouve. La théorie des quarks est une théorie extrêmement solide, bien assise, même si, à cause en particulier de l'intensité croissante avec la distance de leurs interactions (qui empêche justement de les dissocier), nous ne savons pas encore bien comment pousser les calculs jusqu'au bout et interpréter complètement les propriétés des nucléons en termes de quarks ; c'est un chantier ouvert.

La physique ne s'avance-t-elle pas déjà au-delà des quarks, avec la théorie des cordes ? Voir **Question III.5**.

## Aux limites de la physique fondamentale ?

Ainsi, avons-nous été obligés par les révolutions relativiste et quantique de la physique à remettre en cause beaucoup d'idées apparemment naturelles sur la notion même de corps composé et sur la constitution de la matière à partir d'éléments simples. C'est d'ailleurs ce qui me paraît le plus intéressant dans la physique des particules, bien plus que sa taxinomie complexe, que je vous ai épargnée. Cette physique nous prouve que nos conceptions communes sont liées à notre pratique de la matière à l'échelle humaine, à notre expérience quotidienne des objets matériels qui nous entourent, et qu'à d'autres échelles ce sont d'autres conceptions qui s'imposent. Il est très remarquable que notre esprit puisse interpréter le monde à des échelles aussi infimes, et se soit montré capable de produire de nouvelles notions qui approfondissent, relayent et remplacent les anciennes.

Mais si nous avons pu dépasser les limites épistémologiques rencontrées, apparaissent aujourd'hui sur le chemin de notre connaissance de la matière profonde d'autres limites plus redoutables peut-être et que nous ne dépasserons pas de sitôt, des limites socio-économiques, sur lesquelles je terminerai, car elles conditionnent l'avenir (ou l'absence d'avenir) de cette physique du microcosme.

J'y ai fait allusion plusieurs fois, cette physique se fait autour des grands accélérateurs, des machines qui confèrent aux particules fondamentales les énergies considérables nécessaires pour mettre en évidence les différents phénomènes dont j'ai parlé. Il faut bien percevoir quelle en est l'échelle désormais. Les premières de ces machines, dans les années 1930, furent les cyclotrons ; un cyclotron, c'est un appareil qui tenait dans une salle de laboratoire, cela pesait déjà quelques tonnes, et mesurait quelques mètres, c'était beaucoup plus grand que les instruments de la physique du XIXe siècle qui se faisait sur une table, mais enfin ces machines restaient à échelle humaine. Maintenant, les grands accélérateurs, comme celui qui est en construction au CERN, ce sont des anneaux d'électroaimants pesant plusieurs dizaines de milliers de tonnes, installés dans un tunnel de plusieurs dizaines de kilomètres de circonférence, creusé à cent mètres sous terre. La puissance électrique consommée par un tel accélérateur est comparable à celle d'une ville moyenne. Sa construction coûte quelques milliards d'euros ou de dollars. L'échelle sociale est du même ordre de grandeur colossal, elle s'évalue en milliers de personnes. Le CERN, c'est 5 000 personnes en permanence sur le site, dont 500 chercheurs – et les autres, me direz-vous ? Pour faire marcher une telle machine, il faut quelques centaines d'ingénieurs, un bon millier de techniciens, évidemment toute une armée de personnel de maintenance, du personnel administratif, des femmes de ménage… Autrement dit, il s'agit d'une échelle industrielle : un accélérateur, c'est une usine de science. Est-ce une échelle raisonnable quant à son coût social, et est-il justifié de poursuivre cette sorte de physique ? La question est légitime, et mériterait d'être débattue collectivement – tel n'est manifestement pas le cas. Cela dit, nous sommes manifestement en train d'atteindre les limites de cette physique. L'accroissement constant des ressources qui l'a caractérisée pendant un demi-siècle (des années 1930 aux années 1980) a cessé d'aller de soi. Lorsque, dans les années 1950-1960, les politiciens commençaient à se faire tirer l'oreille en voyant augmenter les budgets de la physique des particules, les physiciens recouraient à un double argument. Le premier invoquait la réussite éclatante (c'est le cas de le dire) de la physique nucléaire pendant la Seconde Guerre mondiale, avec la création des armes nucléaires, puis des réacteurs civils. On invoquait alors l'éventualité d'applications futures aussi grandioses ; cette physique était d'ailleurs dénommée « physique des hautes énergies », ce qui était fort pervers, dans la mesure où c'était le plus souvent entendu par les profanes comme la physique qui allait *produire* de très grandes quantités d'énergie, alors que c'est une physique qui *consomme* de très grandes quantités d'énergie. Le second argument était culturel, et faisait des accélérateurs de particules les « cathédrales des temps modernes », aussi emblématiques du génie humain que les grands monuments religieux du passé – ce qui était reconnaître naïvement par là même que la science relaie souvent dans la société moderne le rôle de la religion.

Ces arguments ont semblé impressionner, sinon convaincre, les décideurs, jusqu'au moment où les coûts ont atteint une cote critique. Une mutation radicale a eu lieu vers 1985, lorsque les États-Unis ont brusquement abandonné leur projet d'accélérateur géant, le SSC (Superconducting SuperCollider), dont le coût estimé était en train de dépasser la dizaine de milliards de dollars. Cet événement a marqué un tournant pour la science moderne tout entière. C'était la première fois dans toute l'histoire des grands projets scientifiques qu'on abandonnait un projet en cours de réalisation, après avoir déjà dépensé environ deux milliards de dollars, sans compter ce qu'il a fallu dépenser encore en frais de dédit aux entreprises, de licenciement pour le personnel, et pour reboucher le gros trou creusé dans le sous-sol du Texas afin de restaurer l'environnement... Du coup, le superaccélérateur européen LHC en construction à Genève, qui présente de fait un bien meilleur rapport qualité/prix, avance plus lentement que prévu au départ, puisqu'il n'y a plus de concurrence, ni avec les Américains, ni avec les Soviétiques. Et, sans aucun doute, cet accélérateur sera le dernier de ce genre avant longtemps. Ainsi ce type de science atteint-il des limites, non pas intellectuelles, mais des limites matérielles effectives. Peut-être pourra-t-on développer des méthodes moins chères, des accélérateurs moins imposants, reprendre le slogan des années 1980, «*Small is beautiful*», faire du petit plus efficace, comme on tente d'y parvenir dans l'espace maintenant. De fait, les mêmes problèmes se posent dans nombre de domaines, c'est vrai pour la physique spatiale et cela le devient de plus en plus pour les sciences de la vie. Il semble bien que la *Big Science*, la science lourde, soit condamnée à terme.

La simulation sur ordinateur ne pourrait-elle à moindre coût remplacer les expériences faites avec les accélérateurs de particules ? Voir **Question III.6**.

Mais terminons sur une perspective optimiste. La course au gigantisme, si on y réfléchit un peu, n'est jamais signe de maturité, dans quelque domaine que ce soit. Revenons à l'analogie avec les grandes cathédrales gothiques, pour noter que la construction de ces édifices, Notre-Dame de Paris, Beauvais, Strasbourg, etc., n'a pas duré très longtemps, du XI^e siècle au XIII^e, c'est à peu près tout – deux siècles et cela s'arrête ! C'est qu'on ne pouvait plus en construire de toujours plus hautes, toujours plus vastes : la cathédrale de Beauvais s'est effondrée deux ou trois fois avant qu'on ne termine sa voûte, et on n'en a jamais construit de plus élevée parce que c'était hors de portée, techniquement, mais aussi économiquement et socialement. Or, les fonctions religieuses et politiques de ces cathédrales ont quand même été exercées – autrement ; ce sont des édifices plus raisonnables qui ont rempli leur office, si j'ose dire, d'une façon tout aussi efficace. On peut prendre un autre exemple, celui des grandes pyramides égyptiennes. Elles remontent au début de l'Ancien Empire, vers -2700, et surgissent

Ce gigantisme ne serait-il pas lié à l'obsession de l'élémentaire au détriment du complexe ? Voir **Question III.7**.

pendant deux ou trois siècles. Puis, à partir du XXIV^e siècle avant J.-C., pendant vingt siècles et plus d'existence de la civilisation égyptienne, on ne construit plus de grandes pyramides ! Ainsi, le gigantisme est-il plutôt un signe d'adolescence et d'arrogance ; la maturité de l'âge adulte permet de savoir faire mieux et à plus petite échelle. C'est ce qu'on doit souhaiter à la physique de la matière fondamentale pour lui éviter l'étiolement qui la menace. Car elle recèle certainement encore beaucoup de phénomènes qu'il serait passionnant de comprendre.

N'y a-t-il pas en astrophysique des indications quant à la crise imminente de nos théories ? Voir **Question III.8**.

## Questions III

**Question III.1** *Je reviens à la particule intermédiaire de la* ***figure III.4****. J'ai du mal à comprendre pourquoi la succession temporelle de ses deux interactions peut être inversée par un changement de référentiel, alors qu'une telle inversion du temps est impossible pour la propagation d'un objet "normal", qui se fait selon un ordre temporel strict et invariant.*

C'est effectivement là une des subtilités du phénomène. Il faut commencer par revenir sur ce qui se passe en A ou en B. Chacun de ces processus, absorption ou émission d'un méson par un nucléon, est en principe impossible, interdit par les lois de conservation de l'énergie et de la quantité de mouvement – tout au moins pour des quantons d'énergie bien définie, comme ceux auxquels nous avons affaire normalement. Cependant, ici, le phénomène global (absorption + émission) ne dure qu'un laps de temps déterminé. La théorie quantique entre alors en jeu, *via* les inégalités de Heisenberg, pour imposer à l'énergie du système une certaine dispersion, un flou d'autant plus grand que le phénomène est bref (voir **Question I.1**). Si sa durée est assez courte, la dispersion en énergie peut être assez grande pour autoriser une violation apparente des lois de conservation et permettre les processus d'émission et d'absorption. L'écart temporaire aux contraintes énergétiques qui régissent un objet "normal" ainsi autorisé au quanton intermédiaire (entre A et B) perturbe aussi ses propriétés spatio-temporelles, et lui permet d'échapper à la limitation de sa vitesse : il se propage – brièvement – plus vite que la vitesse-limite. Du coup, l'ordre de succession temporelle entre deux événements qui l'affectent (ici A et B) cesse d'être absolu et peut être inversé par un changement de référentiel. On dénomme souvent "virtuel" un tel quanton intermédiaire – terminologie d'ailleurs un peu trop vague.

*Quel est l'ordre de grandeur de la durée de cette apparente violation de la causalité ?*

Cette durée dépend de la masse du quanton "virtuel". Plus la durée est courte, plus élevée est (d'après l'inégalité de Heisenberg) la dispersion en énergie. L'occurrence du phénomène exige une dispersion qui soit de l'ordre de grandeur de l'énergie de masse du quanton, et donc une durée d'autant plus courte que cette masse est grande. Pour fixer les idées, l'échange d'un méson $\pi$ entre deux nucléons ne dépasse guère une durée de l'ordre de $10^{-23}$ secondes (quelques milliardièmes de milliardièmes de seconde). C'est dire que le phénomène n'est ni perceptible ni détectable à l'échelle macroscopique. Au passage, notons que l'argument qui vient d'être esquissé explique aussi que la portée d'une interaction est d'autant plus grande que dure la propagation du quanton intermédiaire qui lui sert de vecteur. Ainsi s'explique la très courte portée des interactions nucléaires, transmises par des mésons massifs, à l'inverse de la longue portée des interactions électromagnétiques, transmises par le photon, de masse nulle.

**Question III.2** *Mais comment peut-on réconcilier l'invariance par renversement du temps des phénomènes fondamentaux avec la "flèche du temps" si évidente à notre échelle : un glaçon fond dans l'eau en la refroidissant, mais on ne voit jamais de l'eau tiède se* *réchauffer en expulsant un glaçon – et nous vieillissons mais ne rajeunissons pas…*

C'est une question qui a fait couler beaucoup d'encre. Les lois fondamentales de la physique (déjà classique) sont effectivement réversibles, et cette indifférence au sens du temps est patente pour des phénomènes simples : une collision entre deux boules de billard, si l'on néglige les frottements, apparaît tout aussi réelle si on en projette le film à l'envers. En revanche, pour des processus complexes – la fonte d'un glaçon, l'évolution d'un être vivant –, le processus inversé, tout aussi conforme aux lois de la physique, est possible, mais simplement extrêmement peu probable, d'autant moins que le système est plus grand et plus organisé. Souvent d'ailleurs de tels systèmes ne méritent pas ce nom, dans la mesure où ils ne peuvent être considérés comme fermés et isolés : un être vivant n'est tel que parce qu'il échange en permanence matière, énergie et information avec un environnement qui ne peut guère être clos. C'est la dissipation de l'énergie dans un milieu extérieur indéfini qui rend extraordinairement improbable le phénomène inverse. Dans cette perspective, la "flèche du temps" apparaît comme un effet statistique, dû à la nature macroscopique de notre monde.

*Et qu'en est-il de la symétrie par réflexion d'espace ? Je comprends bien que les vis et tire-bouchons ont un sens de rotation dicté par une convention sociale, mais les molécules du vivant n'ont-elles pas une orientation préférentielle ?*

Oui, il est tout à fait vrai que les biomolécules (par exemple, la double hélice de l'ADN) ont un sens déterminé, et que leurs symétriques, qui existent aussi bien et qu'il est facile de synthétiser, n'ont aucune activité biologique. L'hypothèse la plus simple est que, aux origines de la vie, les deux possibilités étaient équiprobables, mais qu'un infime déséquilibre initial, une fluctuation fortuite, a favorisé l'une des orientations, qui, par un effet d'amplification, s'est imposée. Mais certains pensent que l'orientation finalement choisie ne l'a pas été par hasard, et que la non-validité de la symétrie de réflexion spatiale dans les interactions fondamentales pourrait avoir joué ; en quelque sorte, et de façon un peu caricaturale, si l'ADN a un sens d'enroulement privilégié, c'est que le neutrino le lui aurait transmis !

Notez au demeurant que le sens de rotation des vis et des tire-bouchons n'est pas si arbitraire qu'on peut le croire : il est directement lié au caractère majoritairement droitier des êtres humains (les gauchers préféreraient sans aucun doute le sens contraire). Savoir si cette dissymétrie fonctionnelle du corps humain est liée à sa dissymétrie interne (le cœur à gauche, le foie à droite, etc.) et si cette dernière est liée à celle du niveau moléculaire est une question ouverte. Si jamais nous rencontrons des extraterrestres et fêtons cette réunion autour d'une bonne bouteille, il sera intéressant d'observer comment ils s'y prennent pour la déboucher...

**Question III.3** *Est-ce que, quand on touche un fauteuil ou tout autre objet usuel, on touche ses électrons ?*

On ne touche en fait rien du tout !

J'aime bien cette question. Elle nous renvoie au fameux livre de Lucrèce, *De natura rerum* (*De la nature des choses*), qui, il y a vingt siècles, à la suite de Démocrite et d'Épicure, avance l'idée que la matière est constituée d'atomes, idée audacieuse, très avancée pour son époque. Mais quand on relit ce texte, il est frappant de voir que Lucrèce a souvent raison pour de mauvaises raisons. L'une de ces mauvaises raisons, c'est qu'au long de tout son livre il insiste sur le sens du toucher. Pour lui, la vision peut tromper, l'odorat peut tromper, mais le toucher nous dit forcément le vrai parce qu'il nous donne accès à la matière telle qu'elle est. Si je touche cette

> « Car le toucher, grands dieux !, le toucher, c'est le sens du corps tout entier : par lui pénètrent en nous les impressions du dehors, par lui se révèle toute souffrance intérieure de l'organisme, ou bien au contraire le plaisir provoqué par l'acte de Vénus. [...] Ne faut-il donc pas que les atomes diffèrent beaucoup de forme entre eux, pour produire ainsi la variété des sensations ? »
>
> Lucrèce, *De natura rerum*, II, 434-443, trad. Ernout.

table, pense Lucrèce, je ne peux pas me tromper quant à sa substantialité. Il y a là un amusant paradoxe, car, du point de vue moderne, la notion de contact entre objets matériels a totalement disparu, ou, plus exactement, doit être interprétée de façon très indirecte.

Les électrons et les noyaux sont tellement “petits” et occupent si peu de place à l'intérieur de l'atome que, lorsque deux atomes se rencontrent, il n'y a aucunement contact entre leurs électrons et leurs noyaux. S'ils interagissent, c'est par l'intermédiaire des forces électrostatiques qui s'exercent à distance entre les uns et les autres. Ces distances sont de l'ordre de l'échelle atomique, c'est-à-dire de quelques nanomètres. Quand vous posez votre doigt sur la table, aucun des électrons ou des noyaux de votre doigt n'arrive à moins de quelques nanomètres des électrons et des atomes de la table, et il n'y a donc, au niveau atomique, aucun contact effectif. C'est un peu, à l'échelle microscopique, ce qui se passe à notre échelle avec deux aimants puissants en situation de répulsion mutuelle : si vous tentez de les rapprocher, vous n'arrivez pas à les mettre en contact, mais vous sentez qu'ils se repoussent, sans qu'ils se touchent jamais. Plus profondément encore, si la notion de contact disparaît, c'est qu'il n'y a plus de substantialité volumique : ni l'électron, ni le noyau, ni donc l'atome, ne peuvent être imaginés comme des boules qui viendraient en contact par leur surface. Vous ne touchez donc jamais rien ! Je ne sais pas s'il faut s'en réjouir ou le déplorer, suivant ce que ou qui vous touchez, mais c'est ainsi. Ainsi, ce sens du toucher, qui pourrait paraître le plus immédiat et le plus direct, est au contraire le plus indirect.

**Question III.4** *Ne deviez-vous pas nous parler du vide quantique ?*

Je vais tenter d'en dire un mot. Le fond de l'affaire, c'est que les notions quantiques et relativistes confèrent à la matière un comportement dynamique si profond qu'il va jusqu'à contaminer le vide – si j'ose cette expression. Là encore, les diagrammes de Feynman vont nous donner une idée des processus sous-jacents. Considérons le cas, emblématique, des interactions électrodynamiques, soit le couplage élémentaire entre électrons et

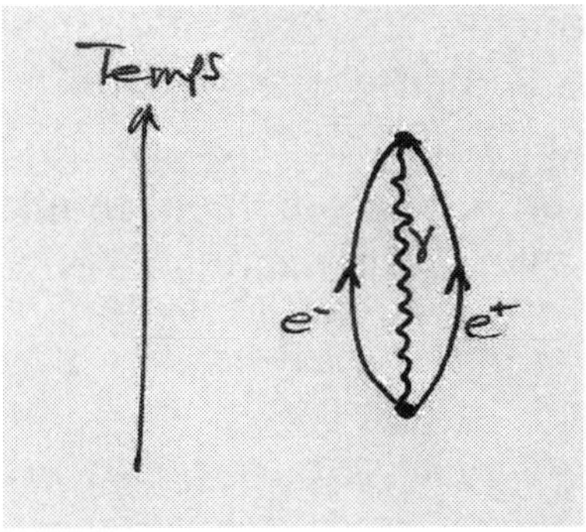


FIGURE III.9

**Dynamique du vide**

La théorie quantique confère au vide des propriétés dynamiques en permettant l'apparition temporaire de paires électron-positon accompagnées d'un photon – ou de combinaisons plus complexes.

photons, que nous avons déjà vu dans la **figure III.6**. La possibilité, que nous avons déjà exploitée, de modifier l'orientation temporelle des lignes correspondant à la propagation des quantons conduit à l'existence d'un diagramme de Feynman tel que celui de la **figure III.9**. Il décrit l'apparition simultanée, *dans le vide*, d'un photon et d'une paire électron-positon, puis la disparition de ces quantons ; pour le coup, d'ailleurs, les termes de "création" et d'"annihilation" trouveraient quelque pertinence ! Comme on l'a vu plus haut, c'est le flou sur la valeur de l'énergie inhérent à un processus temporaire qui permet cette apparente violation de la loi de conservation. On décrit souvent ce phénomène comme une fluctuation quantique spontanée de l'énergie du vide. Naturellement, ce n'est là que le plus simple des processus possibles, et bien d'autres diagrammes de Feynman sont à prendre en compte. Et toutes les interactions (pas seulement électromagnétiques) se manifestent dans le vide de façon semblable. On voit donc que, loin d'être passif et statique, le vide, de par sa nature quantique, devient le siège d'une intense activité dynamique. Autrement dit, l'expression "vide quantique" est un oxymore.

Force est de reconnaître que la théorie physique moderne doit en quelque sorte admettre l'impossibilité du vide absolu. On peut aller jusqu'à affirmer que, si la physique classique acceptait l'idée d'un vide absolument immatériel, la physique moderne étend au "vide" une matérialité effective, d'une nature originale.

**Question III.5** *Pourquoi ne nous avez-vous pas parlé de la théorie des cordes qui semble à la mode et pourrait constituer un dépassement de l'actuelle théorie des particules fondamentales ?*

La raison en est bien simple: je ne comprends pas vraiment cette théorie. D'abord parce que je ne l'ai pas assez travaillée, et n'en ai qu'une connaissance trop superficielle. Mais aussi parce que je crois pouvoir dire sans trop d'outrecuidance que personne ne la comprend vraiment, pas même les spécialistes. Cette théorie est en cours d'élaboration, et si ses experts savent en manipuler le formalisme mathématique (fort élaboré), ils n'en maîtrisent pas assez le contenu conceptuel profond et original pour pouvoir l'exposer aux profanes. De même, les fondateurs de la physique moderne, au début du XX^e^ siècle, n'ont-ils pas d'emblée compris l'essence de leurs théories. Il a fallu plusieurs décennies pour que leurs aspects les plus essentiels, tels que j'ai tenté dans ces conférences de les exposer, émergent clairement à la conscience collective des physiciens et trouvent des formulations adéquates (c'est le processus de "refonte épistémologique" dont parle Bachelard). Aussi, la plupart des exposés vulgarisateurs que l'on peut trouver aujourd'hui sur la théorie des cordes, soit dans des revues de vulgarisation, soit même dans des livres écrits par des spécialistes parfaitement compétents, en traitent d'une façon qui apparaîtra vite archaïque et inadaptée, surtout si la théorie se maintient et se développe. Il me paraît alors prématuré de vulgariser des idées fragiles et mal fondées. C'est pourquoi j'ai préféré ici exposer des notions qui ne sont sans doute pas les plus récentes, mais sur lesquelles nous avons acquis une maîtrise suffisante.

**Question III.6** *Pensez-vous que pour augmenter nos connaissances sans avoir à construire des installations gigantesques, on pourrait faire quelque chose de semblable à ce que l'État français a décidé pour perfectionner son armement nucléaire, c'est-à-dire un mélange de simulation et d'expérimentation (je pense au laser mégajoule accompagné de simulations extrêmement fines sur ordinateur) ?*

Le problème de la simulation est qu'il faut connaître d'avance les lois physiques régissant le système que vous allez simuler ! Une bonne simulation est donc capable de prédire, plus ou moins bien, les résultats d'une expérience fondée sur des lois de la physique déjà connues, ce qui est pour l'essentiel le cas des phénomènes nucléaires de fusion ou de fission qui sous-tendent l'armement nucléaire. Mais en physique fondamentale la problématique est tout autre : il s'agit de trouver des lois inconnues. Nous pouvons cependant tenter, sur la base de nos théories encore imparfaites, de faire des calculs approximatifs – sur ordinateur, bien sûr – et de les comparer à des résultats expérimentaux eux-mêmes approximatifs, tirés par exemple d'observations astrophysiques mettant en jeu des phénomènes de très haute énergie que nous ne savons pas produire, parce que nos accélérateurs ne sont pas assez puissants. Mais s'il se produit de tels phénomènes dans la nature, ils sont loin, ils sont rares, ils sont imprévisibles. L'observation passive ne remplace jamais une expérimentation active, et le couplage entre astrophysique fondamentale et physique des particules, qui est devenu très intense dans les vingt dernières années, ne réglera probablement pas les problèmes de fond. De toute façon, même dans le cas de l'armement nucléaire, je serais surpris que, ce qu'à Dieu ne plaise, on utilise un jour des armes nucléaires qu'on n'aurait fait que simuler… Cela serait d'ailleurs un argument suffisant pour ne pas les mettre en œuvre !

**Question III.7** *Je suis frappé par l'opposition entre d'une part la physique, qui recherche finalement les lois de la matière à des échelles de plus en plus petites, et d'autre part la biologie, qui au contraire cherche le complexe, c'est-à-dire étudie des objets relativement grands par rapport à leurs éléments.*

Je ne vous ai parlé ici que d'une certaine physique, la physique fondamentale. Je vous ai dit en concluant qu'à mon avis, elle arrivait au bout d'une certaine trajectoire historique. Mais j'aurais pu vous dire aussi, pour conforter cette idée, qu'au cours des dernières décennies, le plus remarquable, justement, a été le redéploiement d'une physique à notre échelle. Ma génération a été élevée, il y a une quarantaine d'années, dans l'idée que la seule physique intéressante était celle du tout petit ou du très grand, la physique nucléaire, subnucléaire, des particules, ou alors la cosmologie, l'astrophysique, etc. Cela fut une grande surprise pour nous que, dans les années 1980, on voie revenir à la mode, avec un grand intérêt à la fois pratique et conceptuel, l'hydrodynamique des fluides, la physique de la turbulence, qui était considérée auparavant comme une vieille physique du XIX^e siècle, mais qui est redevenue une physique absolument moderne. De même, s'est redéployée toute une physique (qu'illustrent par exemple les travaux d'un Pierre-Gilles de Gennes, et son prix Nobel), portant sur la matière mésoscopique, à notre échelle : les colles, les polymères, les écoulements, les tas de sable. On ne peut donc pas dire, bien au contraire, que cette physique va vers le plus petit et l'élémentaire. Quant à la biologie, je remarquerai que pour l'essentiel, celle qui est dominante aujourd'hui, c'est la biologie moléculaire, qui cherche bien à ramener le complexe à l'élémentaire. Elle tente de comprendre les mécanismes extrêmement compliqués de la cellule sur une base purement moléculaire, comme les physiciens l'ont fait dans les années 1930 pour comprendre la chimie sur la base de la physique atomique, puis nucléaire. C'est à mon avis une voie dans laquelle la biologie va rencontrer, et rencontre d'ailleurs déjà, des limites ; nombreux sont les biologistes qui attirent l'attention sur le fait qu'il ne faut pas perdre de vue l'étude de la complexité du vivant à son niveau propre, à commencer par la zoologie de terrain traditionnelle. Ce n'est pas parce qu'on étudie ce qui se passe à l'intérieur de la cellule qu'il faut oublier de regarder comment les animaux se comportent dans la nature et dans leur milieu. Les stratégies réductionnistes, qui ont remporté des succès jusqu'à présent notables mais sont soumises comme la physique à un intense processus de technicisation et d'industrialisation, nous mènent aux situations de crise de la recherche que vous connaissez.

**Question III.8** *On dit aujourd'hui qu'on ne connaît que 10 % de la masse de l'Univers, et que la plus grande partie de cette masse est faite de particules inconnues. La découverte de la nature de ces particules ne risque-t-elle pas de bouleverser toutes les idées que vous nous avez exposées ?*

Si ! Et, contrairement à ce que croient parfois les profanes, loin d'être une catastrophe pour les physiciens, un tel bouleversement serait accueilli avec joie, car il ouvrirait un champ neuf, et permettrait de renouveler complètement des problématiques qui, il faut bien le dire, tendent à être quelque peu répétitives. Cela dit, il y a plusieurs niveaux de possibles dans cette mutation potentielle. L'hypothèse basse serait que les nouveaux objets découverts s'intègrent finalement sans trop de difficultés dans les cadres théoriques existants, qui sont assez larges, et offrent encore pas mal de place, au prix éventuellement de quelques aménagements. L'hypothèse haute conduirait à une véritable révolution, mettant en cause les fondements mêmes des théories quantiques et relativistes telles que je les ai évoquées. Il n'en resterait pas moins que ces théories garderaient toute leur validité dans les domaines où elles ont fait leurs preuves, et qu'il faudrait alors expliquer cette validité approximative.

*Tables*

# Table des tableaux et figures

# Table

RÉALISATION : PAO ÉDITIONS DU SEUIL
IMPRESSION : NORMANDIE ROTO IMPRESSION S. A. S. À LONRAI
DÉPÔT LÉGAL : SEPTEMBRE 2006. N° 84836 (06-1872)
*Imprimé en France*

*DANS LA MÊME COLLECTION*

Louis ALTHUSSER

*Politique et histoire, de Machiavel à Marx*

Cours à l'École normale supérieure de 1955 à 1972

*2006*

Roland BARTHES

*Comment vivre ensemble*

Cours et séminaires au Collège de France 1976-1977

*2002*

*Le Neutre*

Cours et séminaires au Collège de France 1977-1978

*2002*

*La Préparation du roman I et II*

Cours et séminaires au Collège de France 1977-1978 et 1979-1980

*2003*

Jean BEAUFRET

*Leçons de philosophie 1 et 2*

*1998*

Michel FOUCAULT

*La Peinture de Manet*

Suivi de *Michel Foucault, un regard*

*2004*

Hans-Georg GADAMER

*Le Problème de la conscience historique*

*1996*

*Au commencement de la philosophie*

*2001*

Jürgen HABERMAS

*Droit et Morale*

Tanner Lectures (1986)

*1997*

Vladimir JANKÉLÉVITCH
*Cours de philosophie morale*
Notes recueillies à l'Université libre de Bruxelles (1962-1963)
*2006*

Maurice MERLEAU-PONTY
*La Nature*
Notes de cours du Collège de France
*1995*

*Causeries 1948*
*2002*

Gilbert SIMONDON
*L'Invention dans les techniques*
Cours et conférences
*2005*

Jacob TAUBES
*La Théologie politique de Paul*
Schmitt, Benjamin, Nietzsche, Freud
*1999*

Eric VOEGELIN
*Hitler et les Allemands*
*2003*